냉장고 속 음식이
우리 아이 뇌와 몸을 망친다

냉장고 속 음식이 우리 아이 뇌와 몸을 망친다

주부의벗사 지음
호소카와 모모·우노 가오루 감수
배영진 옮김

20년 뒤,
후회하지 않으려면
성장기 우리 아이에게
무엇을 어떻게
먹여야 하나?

전나무숲

"장보러 슈퍼마켓에 가면 매번 같은 식재료를 사요."

"상차림 특히 아침밥은 날마다 똑같아요."

"온 가족이 달달한 간식을 끊을 수가 없어요."

"그렇더라도 바쁘니까 어쩔 수 없잖아요?"

이렇게 생활하다가는 나중에 후회할 일이 생길 수 있다!

특히 아이들의 영양 상태는 계속 나빠진다.

홀쭉해지거나 뚱뚱해져서 생활습관병이 늘어난다. 게다가 수면 시간이 짧고 운동량이 적어진 탓에 뇌 발달이 늦어지고 신체 발달이 더뎌지는 것은 물론 몸의 여기저기에 이상이 나타난다. 이것이 일본 어린이의 실체다.

초등학생과 중학생에게 실시되는 '아동 생활습관병 예방 건강 진단'의 결과에 따르면, 혈당이나 콜레스테롤의 수치 등이 높게 나타난 어린이가 전체의 40%나 차지한다고 한다.

평소에 '뚱뚱하지 않으니까 괜찮을 거야.'라고 생각하던 부모들도 혈액 검사 결과가 보고서 놀라고 만다.

아이의 건강을 지키는 것은 부모가 만들어주는 음식이다.

열량을 채우거나 식사량이 많더라도, 영양이 있는 식품을 먹이지 않으면 당

모자(母子)의 영양 연구,
초등학생의 식습관 조사,
다양한 영양 상담을 해온 우리가
부모들에게 전하고 싶은 내용을
바로 이 책에 가득 담았어요.

모모

우노

연히 아이는 제대로 성장하지 못한다.

영양이 골고루 들어 있는 음식을 먹어야 의욕과 집중력도 생긴다. 아이는 식사를 통해 힘을 얻고 학교나 학원에서 지치지 않고 열심히 공부할 수 있다.

바쁜 부모에게는 요리를 만드는 것이 보통 일이 아니라는 걸 잘 안다. 하지만 길게 보면, 아이의 어린 시절은 겨우 10여 년에 불과하다. 지금 대충 먹이고 아이의 건강을 걱정하며 살 것인가? 아니면, 제대로 먹여서 일생을 건강하게 살 수 있게 할 것인가?

아이의 평생 건강은 어릴 적 먹는 음식으로 정해진다.

따라서 부모는 아이 인생의 성공을 위해서라도 아이의 성장에 필요한 음식을 선별해 먹여야 한다.

_ 호소카와 모모(예방의료 컨설턴트), 우노 가오루(영양관리사)

편식이 심한 아이, 이대로 좋을까?

퇴근하는 엄마의 손에 짐이 많다.

○○ 어린이집

또 늦었네. 늦게 데리러 와서 미안해.

엄마, 배고파!

그런데 이 햄버거, 이번 주 들어 세 번짼가? 너무 자주 먹이나? 뭐, 어쩔 수 없지!

이 햄버거는 굽기만 하면 되니까 참 편리하네!

7시30분

잘~ 먹겠습니다!

후유!

채소가 있으니 괜찮겠지!

햄버거

통조림 옥수수

슈퍼에서 사온 드레싱

자른 토마토, 얇게 썬 오이, 양상추 샐러드

잠깐 기다려!

누구지!?

뿅!

갑자기 등장해서 미안!

또 햄버거? 생선은 안 먹여요?

MOMO

UNO

생선은 아이가 싫어하고, 저는 생선 요리를 잘 못해요.

햄버거는 애가 잘 먹는데… 주면 안 되나요?

생선은 뼈가 있어서 싫어!

어린이의 뇌는 7세까지 폭발적으로 성장해요! 그렇지만 생선의 DHA를 섭취하지 않으면 뇌가 발달하지 않아요!

MOMO

DHA는 생선에만 들어 있어요!

그래요? 몰랐네!

엄마, 어떡해?

!?

이쯤에서 냉장고 점검!!
냉장실 제일 아래 칸엔 고기뿐이네.
주스가 너무 많아!
채소는 종류가 적어!
이… 이것은~
생선이 없네! 두부나 생청국장(낫토)은?
으음!
미안해요! 늘 같은 것만 먹어서…
평일에 먹을 반찬거리는 주말에 미리 사두는 게 좋아요!
월 연어 포일구이
화 마파두부
수 고등어 소금구이
목 닭고기달걀덮밥
금 소고기두부조림
맛있겠다…
급할 때는 이런 것들을 활용해요!
자른 미역
마른 잔멸치
참치 통조림
잘게 썬 언두부
참깨
기름을 빼서 잘게 자른 유부
데친 시금치
생선 토막
모둠 버섯
이것은 냉동실에 보관하면 좋아요.
비축용 식재료는 96~97쪽에 자세히 나와 있어요!
신경을 조금 썼을 뿐인데 식탁이 풍성해졌네, 그렇지? ~♪
맛있네-!
응, 된장국이 정말 맛있어!
미역과 언두부를 넣은 된장국
연어 포일구이
시금치무침
된장국이나 나물무침 등으로 차린 밥상에는 영양소가 골고루 들어 있어요!
OK!
영양소는 골고루 섭취해야 해요.

간식으로 배를 채우는 아이, 이대로 괜찮을까?
집에 겨우 왔네. 아, 힘들어
짤가닥
간식 먹어야지!
휙!
이야, 맛있다!
아니, 또 주스야?
어적! 어적!
이 맛이 최고야!
감자칩
TV
야!
누구세요?
MOMO
UNO
잠깐! 얘야, 왜 과자와 주스만 먹니? 그리고 넌 밖에서는 안 놀아? 집에만 있을 거야?
엄마가 오늘 늦게 온대요. 배도 고팠고요!
밖에 나가는 건 귀찮아서…
TV와 컴퓨터 게임이 재미있어요!
지금처럼 간식만 실컷 먹고 안 움직이다가는
어른이 되면 무서운 병에 걸려요!
헉!
앗, 그래요?

비만
생활습관병
죽을병에 걸린다
너무 많이 먹고 운동을 게을리 하면 병에 걸릴 위험성이 확실히 높아져요!
당뇨병
심근경색
동맥경화
고요산혈증
무서워요!
싫어, 싫어, 싫어!
설탕과 기름이 들어 있는 음식은 적게 먹어야 해요! 이제부터 간식은 물이나 보리차, 주먹밥, 고구마, 과일 같은 것을 먹어요.
찐 고구마
사과
주먹밥
찐 옥수수
보리차
감자칩 대신에요?
해조류 샐러드
채소 볶음
시금치 무침
단호박 조림
앗, 몇 번 안 씹고 삼키는 버릇도 들켰네!
채소와 버섯, 해조류는 꼭꼭 씹어서 듬뿍 먹어야 해요!
엄마, 나 오늘부터 채소를 많이 먹을 테니까 양을 더 늘려주세요. 튀김은 가끔 줘도 괜찮아요.
그래?!! 놀랍네!
대단하네!
작전 성공! 바로 그거야!
채소 조림
채소 샐러드
생선 크로켓

예방의료 컨설턴트 모모와 영양관리사 우노의 솔직한 이야기

아이의 뇌와 몸에 꼭 필요한 음식을 먹이자!

엄마들은 늘 바쁘다.
그래도 식단만큼은 슬기롭게 꾸려나가야 한다!

모모 "바빠서 음식을 준비할 시간이 없어요", "식단이 늘 같아요"라고 말하는 엄마들이 무척 많아요. '퇴근하고 나면 몹시 피곤하다 → 무엇을 조리해야 할지 생각하는 것도 힘들다 → 결국 반찬을 사고 만다'라는 악순환을 끊어주고 싶어요!

우노 맞아요! 저도 같은 생각이에요. 하지만 직장에 다니는 엄마가 퇴근을 한 뒤에 '오늘은 뭘 만들까?' 생각하고 저녁 식사를 준비하는 건 쉽지 않아요. 시간이 늦어지면 아이들은 기다리지 못하고 아무거나 먹거든요. 그래서 바로 조리가 가능한 상태로 미리 일주일간 먹을 식재료를 손질해둘 필요가 있어요.

모모 맞아요. 저 역시 일하는 엄마라서 요리할 시간이 많지 않아요. 그래서 미리 식재료를 사서 손질한 뒤에 냉동실에 넣어둬요. 그러면 필요할 때 꺼내서 쓰고, 필요한 채소는 그때그때 썰어 넣기만 하면 되거든요.

우노 냉동 보관은 참 편리하죠. 냉동실에 보관해둔 재첩이나 바지락으로 국을 끓일 수 있고, 버섯은 영양밥을 지을 때나 연어를 구울 때 넣을 수 있어요.

모모 달걀 반숙도 편리해요. 국수류, 덮밥, 샐러드에 올리기만 하면 되니까.

우노 남은 식재료가 부패할까 봐 불안해서 안 산다는 사람도 있는데 남은 건 얼려두어도 되고, 달걀이나 생청국장 등은 1주일은 보관할 수 있어요. 또 택배나 인터넷 슈퍼를 이용하는 것도 좋아요.

모모 신선한 재료로 만든 음식은 아이는 물론 부모에게도 중요해요. 무엇보다 음식을 만드는 엄마가 건강해야 돼요. 그러려면 영양을 제대로 섭취해야 해요. 엄마들이 일과 육아로 늘 수면 부족에 시달리면서도 버틸 수 있는 이유는 음식을 잘 먹는 덕택이죠.

'먹였던 음식이 나빴다'고

20년 뒤에 후회해도 되돌릴 수 없다!

모모 엄마들은 아이가 먹는 음식의 영양은 생각해도 '몸에 나쁜 음식'에 대해서는 자각이 덜한 것 같아요.

우노 맞아, 그게 문제예요! 그래서 강연회 같은 데서 만난 엄마들이 "음식에 포함된 염분과 당분, 트랜스지방이 아이들의 건강을 해칠 수 있다는 사실에 충격을 받았다"라고 하죠. 음식이 전부 몸에 좋다고 생각하는 것은 착각이에요.

모모 사는 게 바빠서 '지금' 먹이는 음식이 아이의 장래에 끼칠 영향까지 생각하지 못할 수 있어요. 하지만 아이들의 성장기는 지금이에요. 다 큰 뒤에는 절대로 성장기로 되돌릴 수 없어요.

우노 '아이가 한참 자랄 때 이렇게 했더라면 좋았을 텐데…'라고 후회한들 소용이 있을까요?

모모 자녀를 학원에 보내는 것은 아이들을 더 우수하게 키우려는 투자잖아요? 그런 부모들에게 자녀의 식사에 투자하는 게 최선이라고 말해주고 싶어요.

우노 전쟁을 겪은 사람들은 키가 6cm나 덜 자랐대요. 실은 요즘의 아이들도 키가 잘 자라지 않아요. 전쟁을 겪은 것도 아닌데 말이죠. 초등학생들의 식습관 실태를 조사해보니 남학생이든 여학생이든 섭취열량이 부족했어요. 지금 즉시 효과가 나타나지 않아서 실감하기는 어렵겠지만, 성장기에 미치는 음식의 힘은 대단히 크다는 걸 부모들이 꼭 기억하면 좋겠어요.

모모 먹을거리가 풍족한 요즘이야말로 아이에게 필요한 음식을 선별해 먹이는 '부모의 능력'이 시험대에 오르는 시기라고 할 수 있어요. 결코 쉬운 일은 아니지만, 훗날 수십 배의 보상을 받을 거예요!

차 례

아이의 뇌와 몸은 먹는 대로 만들어진다

1일 섭취 기준량, 꼬박꼬박 채워 먹이자

아이의 잘못된 식습관을 바로잡는 Q&A

*라브텔리 도쿄 · 뉴욕의 홈페이지에서 가족의 건강 · 영양 관리에 유익한 자료를 무료로 내려받자!
(최신 정보 제공처 → http://www.luvtelli.com)

- 본문의 연령(나이)은 만 나이가 아닌 한국 나이로 표기했다.

분량과 조리에 관하여

- 재료는 4인분 또는 만들기 쉬운 분량이다.
- 1작은술은 5㎖이고, 1큰술은 15㎖다. 1컵은 200㎖이며, 쌀 1컵은 180㎖다.
- 채소류는 씻어서 다듬는 작업 설명은 생략한다. 껍질을 까고 뿌리를 자르는 등의 설명을 생략한 것도 있다.
- 불의 세기는 특별히 기재되어 있지 않으면 중간 불(중간 세기의 불)로 조리하자.
- 전자레인지의 가열 시간은 600W를 기준으로 정한 것이다(500W라면 시간을 1.2배로 늘리자). 그리고 오븐 토스터(oven toaster)의 가열 시간은 1,000W를 기준으로 정한 것이다. 기종이나 식재료의 수분량 등에 따라서 조금씩 차이가 나므로 상태를 보고 조절하는 것이 좋다.

식사의 기준량에 관하여

- 일본 여자영양대학이 주창한 4군 점수법(四群点数法. 식품을 영양별로 4개의 군으로 나누어 영양분을 균형적으로 섭취하도록 만드는 식사법)을 참고했다.
- 어디까지나 하나의 표준으로 정한 식사량이므로, 자녀의 체격이나 식욕에 따라 조절하는 것이 좋다.
- 젖당분해효소결핍증 때문에 설사하는 아이에게는 우유를 (젖당이 분해된) 요구르트로 바꾸어주는 것이 좋다.
- 음식 알레르기가 있는 아이에게는 각 영양군(群) 가운데서 먹을 수 있는 식품을 골라서 영양의 균형을 잡아주자.

Part 1

아이의 뇌와 몸은 먹은 대로 만들어진다

성장기 자녀를 키우는데 꼭 필요한 식품의 영양 지식과 식사, 식습관 등 20년 뒤에도 후회하지 않게 해줄 규칙 25가지를 소개한다.

규칙 01

'뇌신경'은 7세까지 90%가 완성된다

몸은 부위별로 성장 속도가 다르다

오랜만에 아는 아이를 만나면 "많이 컸구나!"라는 말이 저절로 나온다. 그렇게 말할 때의 근거는 키와 몸무게, 덩치다. 하지만 겉모습보다 중요한 것이 몸속이다. 아이들은 음식을 먹고 영양을 섭취함으로써 몸속 장기와 근육, 뼈, 혈관, 피부 등이 자라고 뇌도 성장한다.

부모가 기억해둬야 할 사항은 신체 각 부위는 어린 시절 내내 같은 속도로 성장하지 않는다는 것이다. 뇌와 척수 등의 신경계는 유아기에, 뼈와 생식기는 사춘기에 놀라울 정도로 빨리 발달한다.

0~7세야말로 뇌를 발달시킬 수 있는 더없이 좋은 때다

뇌는 태어나서 7세(만 6세)까지 폭발적으로 자라난다. 갓난아기의 뇌에는 이미 성인과 같은 수의 신경세포가 있지만, 아직 신경세포들이 제대로 연결되지 않아 그 작용은 미숙하다. 오감이 다양한 자극을 받음으로써 신경세포에 시냅스라는 접합 부위가 생겨나고, 시냅스와 시냅스가 접촉해 신경세포들이 이어져서 신경회로의 연결망이 만들어진다. "영리하다", "운동신경이 뛰어나다"라는 말은 뇌의 신경회로 연결망이 잘 작용하고 있다는 의미이다.

7세에 이르면 뇌의 신경회로가 90% 완성되며, 뇌의 무게도 늘어난다. 신생아 때 350~400g였던 뇌의 무게는 4세에 1000g, 5~7세에 1200~1500g까지 늘어나 성인의 95% 수준에 이른다. **그래서 이 시기에는 뇌를 만드는 재료가 되거나, 뇌의 작용을 원활히 만드는 음식을 충분히 섭취하도록 주의를 기울여야 한다(25쪽 참조).** 또한 뇌를 자극하는 운동이나 기억력을 높이는 수면도 매우 중요하니 많이 움직이고 충분히 잘 수 있게 도와야 한다. **밖에 나가 놀지도 않고 집에서 과자만 먹으면서 밤늦도록 컴퓨터게임을 하게 두면 커서도 머리가 좋아지거나 운동을 잘할 가능성이 사라져버린다.**

여기까지 읽고서 "우리 애는 여덟 살인데 어쩌지? 때를 놓친 건가?"라며 깜짝 놀라는 부모도 있을 것이다. 그러나 안심해도 된다. 7세 이후에도 뇌는 천천히 성장하니 이제라도 뇌를 발육시키는 데에 좋은 식생활을 실천하게 하자.

스캐몬*의 장기별 성장곡선

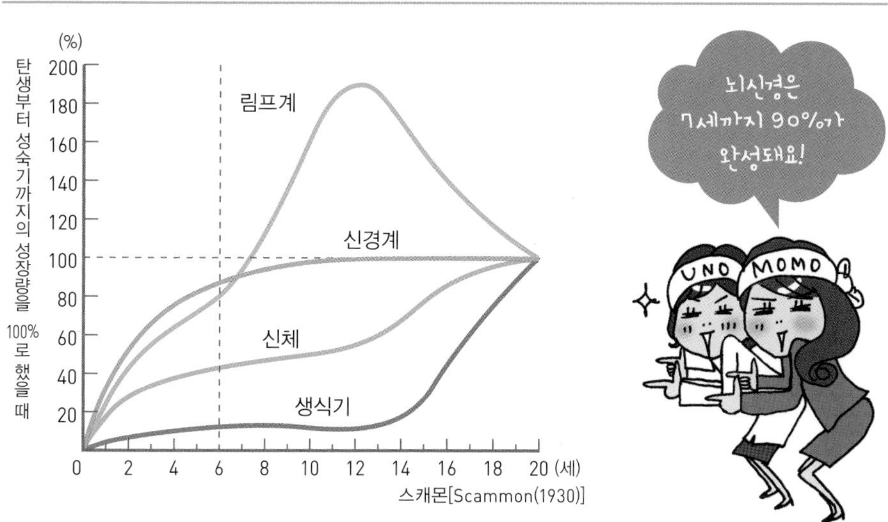

* 스캐몬(R. E. Scammon, 1883~1952)은 미국의 생체학자로, 1930년에 인간의 '성장곡선'을 발표했다.

규칙 02

'5대 핵심 영양소'가 뇌와 몸을 만든다

성장기에는 성인보다 많은 영양이 필요하다

그러면 한창 성장 중인 아이에게는 음식을 얼마나 먹여야 할까? 만약 아이의 몸무게가 15kg이라면 몸무게가 45kg인 엄마가 먹는 식사량의 3분의 1만 먹이면 될까?

한마디로, 안 된다! 성인과 달리 성장기의 어린이는 몸을 키워야 하기에 그만큼의 영양이 필요하다. 신진대사가 활발하므로 생활에 필요한 에너지(식사로 얻는 열량)도 성인보다 많아야 한다. **어린이는 성인에 비해 몸무게 1kg당 에너지가 약 2배 더 필요하고, 단백질은 약 1.5배, 철분과 칼슘은 2~3배 더 필요하다.**

만약 아이의 키가 평균치보다 작다면 영양 부족에 원인이 있는 건 아닌지 생각해봐야 한다. 우리 몸에서 뼈의 발육을 촉진하는 인슐린유사성장인자-1(IGF-1)은 '섭취한 단백질량'과 '식사로 얻은 열량'에 비례해 늘어난다. 그래서 식품으로부터 섭취하는 영양이 부족해지면 키가 제대로 자라지 않는다.

어린이는 신진대사가 활발하므로 몸무게 1kg당 기초대사량(생명 유지에 필요한 최소한의 에너지 양)이 성인보다 많다!

5대 핵심 영양소를 의식적으로 먹이자

"배고파요!"라고 아이가 말하면 일단 배를 채워주려고 뭐든지 먹이는 부모가 있다. 뭐든 먹으면 키나 근육이 될 거라는 생각에서다. 그러나 배불리 먹어도 그 음식에 몸을 만드는 영양소가 들어 있지 않으면 아이는 제대로 자라지 않는다.

그러면 성장기 어린이에게 꼭 필요한 5대 핵심 영양소란 무엇일까? **그것은 근육을 만드는 단백질, 뼈를 만드는 칼슘, 뇌를 만드는 DHA(docosa hexaenoic acid), 혈액을 만드는 철분, 장(腸)을 튼튼하게 만드는 발효식품이다.** 이 5가지 영양소를 함유한 식재료를 냉장고에 넣어두고 매일 의식적으로 먹이자.

물론 이 5대 핵심 영양소가 함유된 음식을 먹는다고 해서 아이가 무조건 순조롭게 성장한다고 단정할 수는 없다. 영양소를 골고루 섭취하지 않으면 제대로 작용하지 않기 때문이다. 그것은 나중에 자세히 알아보기로 하고, 여기서는 **어떤 음식이 어린이 몸의 어느 부분을 만드는지 알고 넘어가자.**

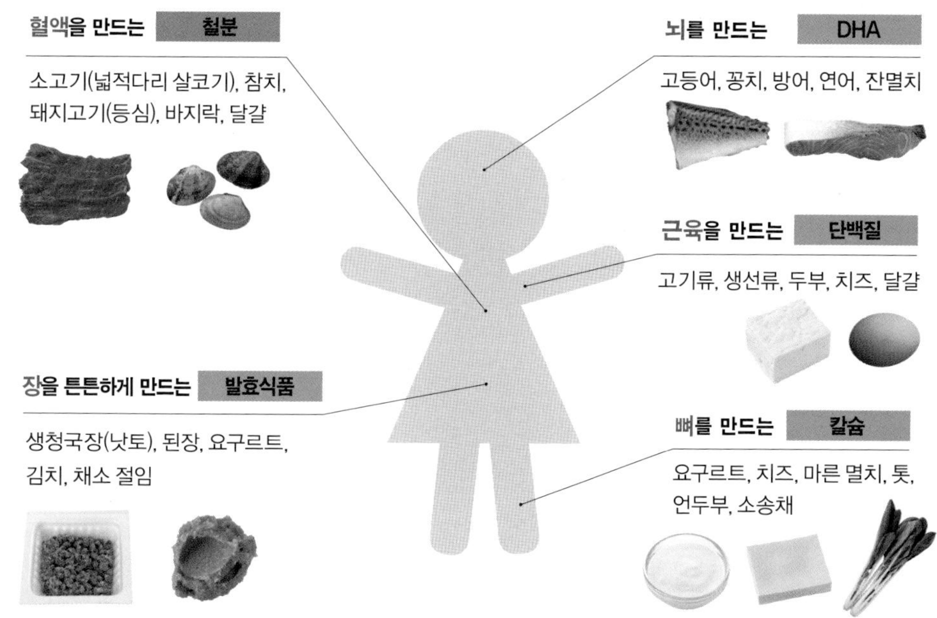

규칙 03

새로운 근육은 '필수아미노산'이 있어야 만들어진다

식사로 섭취해야 할 필수아미노산은 9가지다

우리 몸을 구성하는 단백질은 20가지의 아미노산이 결합해 만든다. 정확히 말하면, 인간을 포함한 생물에게 필요한 단백질은 겨우 20가지의 아미노산이 만든다. 이 가운데 9가지(8세 이전의 아이들은 10가지)는 몸속에서 충분히 합성될 수 없어 날마다 식사를 통해 섭취해야 한다. 이것이 '필수아미노산'이다.

단백질의 질이 우수한지 아닌지는 필수아미노산을 얼마만큼 함유했는지(아미노산가)로 정해진다. 필수아미노산 9종(8세 이전의 아이들은 10종)의 질이 전부 기준치에 도달하면 아미노산가(價)는 100이 된다. 단, 기준치 이하의 아미노산이 1개라도 있으면 몸속에서의 이용 효율이 낮아진다.

이는 10가지 아미노산 널빤지를 이어서 만든 물통에 비유할 수 있다. 예컨대, 달걀

●● 필수아미노산 9가지(8세 이전은 10가지)

1 이소류신	2 류신	3 라이신	4 메티오닌	5 페닐알라닌
6 트레오닌	7 트립토판	8 발린	9 히스티딘	★ 10 아르기닌

★ 아르기닌이 성인에게는 필수아미노산이 아니지만, 8세 이전의 아이들은 몸속에서 충분히 합성되지 않기에 필수아미노산으로 분류된다. 따라서 8세 이전에 섭취해야 할 필수아미노산은 10가지다.

의 단백질은 아미노산가가 100이므로 물통에 물을 가득 담아도 물이 새지 않는다. 한편, 밀의 단백질은 라이신의 수치가 29이므로, 물통에 29%의 물만 담을 수 있다. 그러면 우리 몸은 겨우 29%의 단백질을 이용하게 된다. 요컨대, **아미노산가가 낮으면 새로운 근육을 만들 수 없는 상황에 놓인다.**

어린이에게 필요한 단백질의 양은 성인의 1.5배다

성장기 어린이에게는 성인보다 1.5배나 많은 양의 단백질이 필요하다. 그렇다면 질이 좋은 단백질을 효율적으로 먹이려면 어떻게 해야 할까?

두 가지 방법이 있는데, 그중 하나는 **아미노산가가 높은 식품을 고르는 것이다.** 아미노산가가 100인 달걀, 요구르트, 고기류(소고기·닭고기·돼지고기), 생선류가 대표적이다.

또 하나는 **여러 가지 식품을 먹음으로써 부족한 아미노산을 보충하는 것이다.** 이를테면 쌀은 아미노산가가 65인데, 쌀에 부족한 라이신이 콩에 많이 들어 있으므로 쌀밥에 생청국장(낫토)을 얹어 먹으면 아미노산가가 100이 된다. 만일 아침에 빵(밀)을 주로 먹는다면 아미노산가 100인 달걀이나 요구르트를 함께 먹는 것이 좋다.

●● **아미노산가가 100인 식품**

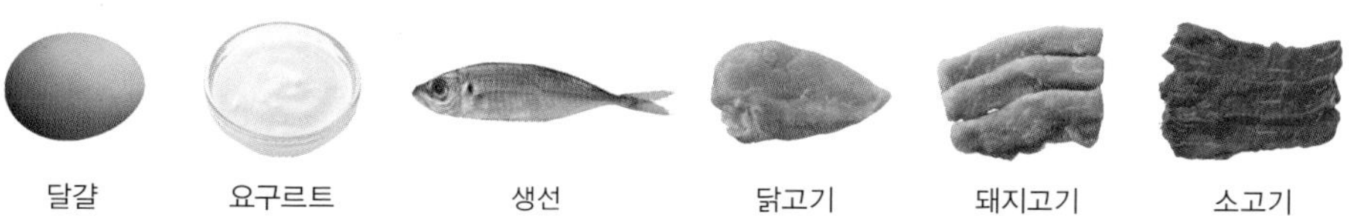

단백질을 강화한 반찬 Recipe

그동안 먹여 온 햄버거를 뇌 발달에 좋은 햄버거로 바꿔보자

이제까지 햄버거를 '단백질 반찬'이라고 안심하고 먹였겠지만 소고기와 돼지고기를 섞어 만든 햄버거는 지방 함유량이 너무 많다. 고기류를 줄이고 두부와 생선을 더하면 지방은 적으면서 뇌를 성장시키는 햄버거가 된다. 물론 건강에도 좋다.

닭고기, 두부, 벚꽃새우로 영양이 확 늘어난다

저지방 고단백 햄버거

재료(4인분)

A
- 다진 닭고기 …… 200g
- 두부 …… 200g
- 벚꽃새우* …… 1큰술
- 된장, 꿀, 녹말 …… 1큰술씩

파프리카(초록색) …… 2~3개

참기름 …… 적당량

B
- 꿀, 간장 …… 1큰술씩
- 물 …… 1/4컵

C
- 녹말 …… 1작은술
- 물 …… 2큰술

* 길이 4cm 전후의 핑크색 새우

조리법

1 볼에 **A**의 재료를 넣고 잘 섞어서 치댄 뒤에 4등분을 한다. 손에 참기름을 적당량 묻히고 각각의 반죽을 타원형으로 빚는다.

2 파프리카는 꼭지의 단단한 부분은 떼어내고 4조각으로 썬다(씨는 영양이 있으므로 남긴다).

3 **B**와 **C**를 각각 섞는다.

4 중간 불로 달군 팬에 **1**을 올려 굽는다. 팬의 빈자리에 파프리카 조각을 올린다. 뚜껑을 닫고 3~4분 구운 뒤에 아래위를 뒤집어서 1~2분 더 굽는다. 구워진 스테이크 위에 섞어놓은 **B**를 붓고 1~2분 조린 후에 스테이크와 파프리카를 접시에 담는다.

5 팬에 섞어놓은 **C**를 붓고 저어서 약간 걸쭉해지면 스테이크 위에 부어준다.

TIP 영양 UP 정보

닭고기는 지방이 적고 단백질 함량이 많다(지방이 가장 적은 부위는 가슴살이다). 두부에는 뇌의 기능을 활성화하는 레시틴이, 벚꽃새우에는 칼슘이 풍부해 영양소를 골고루 섭취할 수 있다.

단백질의 질을 높인다
다진 돼지고기 + 통조림 고등어
카레 가루로
생선 비린내를 잡았다!

고기류의 단백질과 철분, 생선류의 DHA가 풍부하다

고등어 버거 토마토 조림

재료(4인분)

A
- 통조림 고등어 …… 1캔(190g)
- 다진 돼지고기(살코기) …… 200g
- 빵가루 …… 3큰술
- 녹말 …… 1큰술
- 카레 가루 …… 1작은술

양송이버섯 …… 1팩
올리브유 …… 1큰술

B
- 토마토주스 …… 1컵
- 과립 콩소메(무첨가) …… 1작은술

플레인 요구르트 …… 1큰술(선택 재료)
파슬리 …… 적당량

조리법

1 볼에 **A**의 재료를 넣고 잘 치댄 뒤 4등분하여 타원형으로 만든다.

2 양송이버섯은 얇게 슬라이스한다.

3 팬에 올리브유를 두르고 달구면서 **1**을 올리고 뒤집어가며 중간 불로 구운 뒤에 접시에 담는다.

4 **3**의 팬에 얇게 썬 양송이버섯을 넣고 볶다가 **B**를 넣는다. 끓기 시작하면 구운 스테이크를 다시 넣고 불의 세기를 약하게 줄여 5~6분간 조린다.

5 접시에 담고 기호에 따라서 플레인 요구르트를 얹고 잘게 썬 파슬리를 뿌린다.

영양 UP 정보

신선도가 떨어지기 쉬운 고등어를 통조림으로 비축해두면 뇌를 만드는 재료인 DHA를 언제라도 먹일 수 있다. 돼지고기는 지방이 적은 살코기로 고르면 단백질과 철분을 많이 섭취할 수 있다.

규칙

04 '뼈'를 튼튼하게 만드는 시기는 사춘기까지다

뼈의 양은 21세에 제일 많고 46세부터 점차 줄어든다

초등학생 때부터 고등학생 때까지 뼈의 비율은 계속 증가하는 경향을 보인다. **여성은 13~15세 무렵에, 남성은 15~17세 무렵에 뼈를 만드는 작용이 절정에 이른다. 이 시기가 지나면 식사와 운동으로 아무리 열심히 노력해도 뼈의 양이 많이 늘지 않는다.**

뼈의 양이 인생에서 제일 많을 때, 즉 최대골량기(peak bone mass)는 뼈의 평생 기반이 된다. 뼈의 양은 21세 전후에 가장 많고, 그 후 41세까지는 변화가 없다가 46세 이후부터 줄어든다. 여성은 폐경기에 뼈의 양이 빠르게 줄어들어서 폐경기 이후로 골다공증에 걸릴 위험성이 남성보다 3~4배 높아진다. **장래에 닥칠 골다공증이나 노후 골절을 예방하기 위해서라도 사춘기에 뼈를 튼튼하게 만드는 음식을 충분히 섭취하고, 이 시기만큼은 다이어트를 하지 않는 것이 좋다.**

성장판(골단선)이 닫히기 전에 키를 키우자

어린이의 뼈에는 성인의 뼈에서는 찾아볼 수 없는 성장판(골단선)이라는 연골 조직이 있다. 여성은 16~17세, 남성은 18~19세 무렵에 이 연골 조직이 닫히면서, 즉 성장판이

폐쇄되면서 키 성장이 멈춰버린다. 그러니 사춘기에 뼈를 튼튼하게 만들고 키가 쑥쑥 자라게 하고 싶으면 **부모가 자녀의 영양, 운동, 수면에 신경을 써주어야 한다.**

영양은, 뼈의 발육을 촉진하는 물질인 IGF-1가 부족해지지 않도록 열량과 단백질을 충분히 섭취하게 하자. 칼슘(칼슘 함유 식품은 25쪽 참조), 마그네슘, 비타민D는 물론이고 DHA와 EPA도 뼈가 자라는 데 꼭 필요한 영양소다. 최근의 연구에서 생선류에 함유된 DHA(DHA 함유 식품은 25쪽 참조)와 EPA 같은 오메가-3 지방산이 엉덩뼈의 밀도를 높여준다는 사실이 밝혀졌다. 이 물질이 모두 함유된 식품으로는 연어와 잔멸치가 있으니 꼭 식탁에 올리자.

운동과 수면도 중요하다. 요즘 아이들은 주로 컴퓨터게임을 하거나 실내에서 머무르는 시간이 많아서 햇볕을 쐬는 시간이 적은 편인데, 그것이 뼈가 약해지는 요인의 하나라고 한다. **유치원생을 대상으로 한 어느 연구에서는 '매일 야외에서 운동하는 습관이 뼈를 튼튼하게 만든다'고 밝혀졌다.** 또한 성장호르몬은 수면 중에 활발히 분비되는 만큼 충분히 자도록 도와주자. '늦어도 밤 10시 이전에 잠자리에 드는 아이는 뼈 밀도가 높다'는 조사 결과도 있다. '잘 자는 아이는 무럭무럭 자란다'라는 말은 참말이다.

나이에 따른 뼈의 양

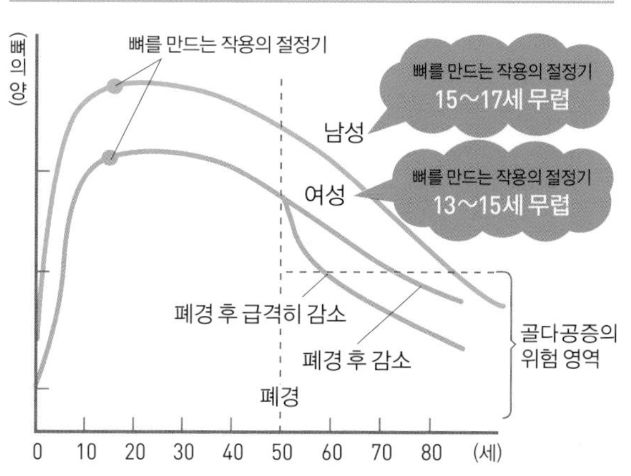

출처 : 재단법인 골다공증재단(http://www.jpof.or.jp 2008년 9월 1일 기준)의 자료를 일부 변경

결핍돼도, 과다 섭취해도 안 좋다.

칼슘과 마그네슘은 형제 사이 같은 미네랄이다!

칼슘은 뼈와 치아의 재료일 뿐만 아니라 마그네슘과 함께 작용해 근육을 정상적으로 수축하게 하고 흥분이나 긴장을 완화하는 등의 중요한 일을 맡는다. 그러므로 두 물질이 부족하지 않게끔 신경을 쓰자. 마그네슘은 어패류와 콩식품, 해조류 등에 많이 함유되어 있다. 한편 소시지, 베이컨 등의 훈제 고기나 어묵에 포함된 인(燐)은 칼슘을 몸밖으로 배출시키니 많이 섭취하지 않도록 주의하자.

뼈를 강화하는 반찬 Recipe

연어 구이를 다양하게 응용해보자

왜 연어가 좋을까?

- 뼈를 튼튼하게 만드는 칼슘, 비타민D가 많다.
- 뇌에 좋은 DHA가 풍부하다.
- 계절과 관계없이 구입할 수 있다.
- 가시 바르기가 쉬워서 아이들이 좋아한다.

며칠간 보존할 수 있으니 미리 만들어두자

연어 간장초절임

재료(4인분)

생연어 …… 4토막
소금 …… 1/2작은술
밀가루 …… 2큰술
식용유 …… 약간
양파 …… 1/2개
파프리카(노란색) …… 1개
잘게 썬 생강 …… 육쪽마늘 1쪽 크기 분량
씨 뺀 홍고추 …… 1개
참기름 …… 1큰술
A ┌ 맛국물 …… 1/2컵
│ 식초, 묽은 간장 …… 1/4컵씩
└ 설탕 …… 1.5큰술

조리법

1 연어는 한입 크기로 썰어 소금을 뿌리고 비닐봉지에 넣은 뒤 밀가루를 붓고 봉지를 살살 흔들어서 밀가루 옷을 입힌다.

2 중간 불로 달군 팬에 식용유를 두르고 **1**을 늘어놓는다. 연어를 뒤집어가며 바삭하게 구워서 보존 용기에 담는다.

3 양파와 파프리카는 얇게 썰어서 생강, 홍고추와 함께 팬에 넣고 참기름을 두른 뒤 중간 불로 익힌다. 재료들이 나긋나긋해지면 **A**를 넣고 조려서 **2**에 붓는다.

응용 요리

열빙어나 닭고기로도 만들 수 있다

연어 대신 전갱이, 열빙어, 닭고기 등으로 만들어도 맛있는 간장초절임이 된다. 방법은 같다. 단, 열빙어는 구울 때 소금을 뿌리지 않는다.

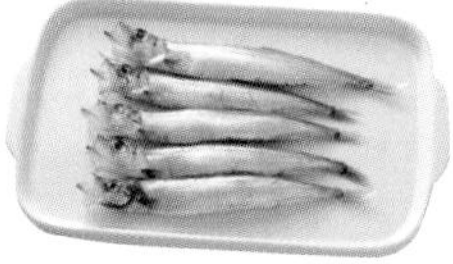

오늘부터 잘하는 요리로

포일구이

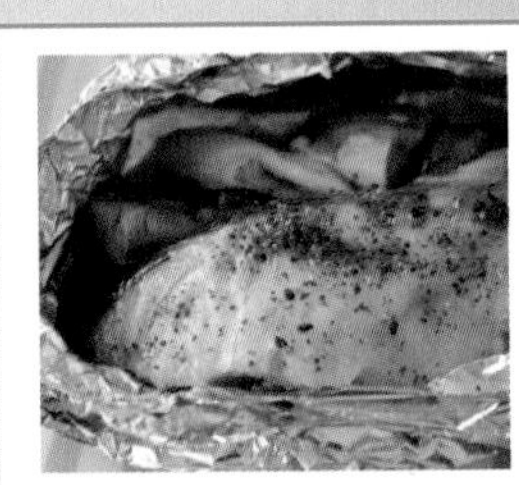

매운맛을 좋아하는 어른이라면 시치미를 뿌려 먹자!

꿀된장과 치즈로 맛을 내면 아이들이 잘 먹는다. 어른이 먹을 땐 시치미로 매콤함을 더해도 좋다. 시치미는 고춧가루, 후춧가루, 검은깨, 산초, 겨자, 대마씨, 진피 등 7가지 향신료를 섞어 만든 양념 가루다. 이 반찬은 미리 만들어두었다 먹어도 괜찮다.

오븐 토스터로 간단히 조리한다

연어와 버섯 포일구이

재료(4인분)

생연어 …… 4토막
A ┌ 간장 …… 1큰술
└ 생강즙 …… 약간
표고버섯 …… 4~8개
대파 …… 1/2개
B 꿀, 된장 …… 4작은술씩
피자 치즈 …… 3큰술

조리법

1 연어는 **A**로 밑간을 하고 10분 뒤에 물기를 닦아낸다.

2 표고버섯은 밑둥을 잘라낸 뒤에 4등분을 하고, 대파는 어슷하게 썬다.

3 알루미늄포일을 넓게 펴서 **2**의 1/4 분량을 깔고 연어 1토막을 놓은 뒤에 **B**를 2작은술 바르고 피자 치즈의 1/4 분량을 얹는다. 알루미늄포일을 말아서 입구를 봉한다.

4 남은 연어 3토막도 같은 요령으로 만들어 오븐 토스터에 넣고 10~15분간 굽는다.

응용 요리

토막 낸 생선이라면 무엇이든 좋다

생선(대구, 삼치, 청새치, 고등어 등) 토막과 채소가 있다면 꿀된장(꿀+된장)을 바르고 피자 치즈를 얹은 뒤에 포일로 싸서 구우면 된다.

뇌 발달에 꼭 필요한 'DHA'는 생선으로만 섭취할 수 있다

'생선을 먹으면 머리가 좋아진다'는 말은 진실이다!

DHA(DHA 함유 식품은 25쪽 참조)는 생선의 지방에 들어 있는 필수지방산이다. **이는 뇌의 신경세포를 만드는 주성분이며, 신경 전달을 원활히 해 기억·학습과 같은 뇌의 작용을 좋게 만든다.** 이것이 '생선을 먹으면 머리가 영리해진다'라고 널리 알려진 이유다. DHA를 충분히 섭취하면 머리뿐만 아니라 시력도 좋아지는 것으로 밝혀졌다.

●● 생선 요리는 일주일에 몇 번 식탁에 올리는가?

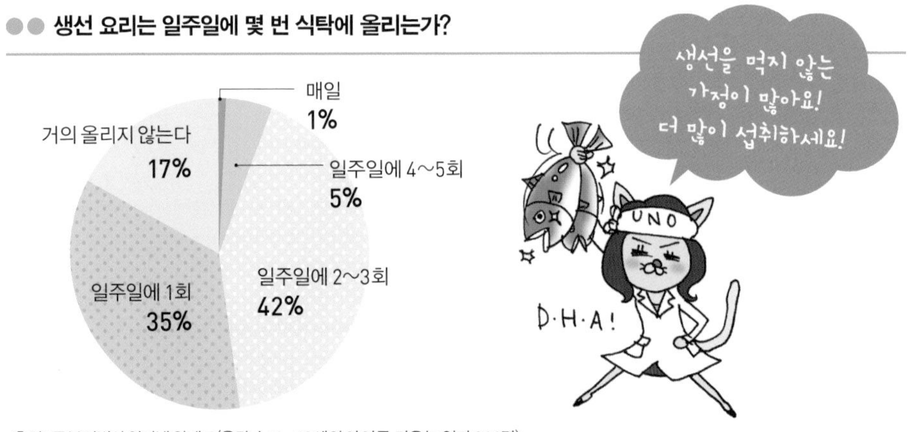

출처 : 주부의벗사 인터넷 앙케트(응답 수: 4~13세의 아이를 키우는 엄마 244명)

아쉽지만 DHA는 우리 몸에서 만들어지지 않는다. 그래서 음식을 통해서 섭취하지 않으면 뇌에 공급할 방법이 없다. **DHA가 풍부하게 함유된 식품은 생선이 유일하다.** 호두나 치아(chia)라는 식물의 씨앗에 포함된 알파리놀렌산(α-linolenic acid)도 일부 성분이 DHA로 변환한다고 알려져 있지만 그 비율이 매우 낮고, 변환에 필요한 효소를 선천적으로 지니지 못한 사람도 더러 있다는 점에서 DHA는 생선을 먹어야만 보충할 수 있다고 자신할 수 있다.

생선에는 비타민D도 풍부하게 함유되어 있다. 최근에 '비타민D가 뇌신경의 발달과 관련되어 있다'라고 보고된 사례가 있는 만큼 뇌 발달을 생각한다면 생선을 식탁에 자주 올리자.

DHA가 함유된 생선을 자주 식탁에 올리자!

DHA가 많이 들어 있는 생선류는 참치, 가다랑어, 방어, 고등어, 꽁치, 멸치와 같이 등 푸른 생선과 연어, 뱀장어 등이다. 비린내 때문에, 혹은 가시가 많아서 생선을 싫어하는 아이들이 많지만 토막 낸 생선은 가시를 발라주기가 쉬우니 양념을 발라서 굽거나 살코기를 꿀된장에 절이는 등 조리법을 달리 하면 아이들도 맛있게 먹을 수 있다.

통조림 참치나 통조림 고등어, 잔멸치 등 오래 보관하는 식품에도 DHA는 함유되어 있다. 샐러드에 통조림 참치를 더하거나, 통조림 고등어를 수프에 넣거나, 달걀말이나 주먹밥에 잔멸치를 섞거나(98~99쪽), 멸치로 된장국의 맛국물을 만드는(88쪽) 등 섭취할 수 있는 방법이 다양하니 매일 꾸준히 활용해보자.

생선에 함유된 수은은 걱정하지 않아도 될까?

임신부나 7세 이하의 아이들은 메틸수은이 몸속에 축적될 우려가 있으니 생선을 너무 자주 먹지 말자. 수은은 큰 물고기의 몸속에 쌓여 있기 쉬우므로 참치, 청새치, 금눈돔 등은 일주일에 한 번 섭취하면 적당하다. 꽁치, 멸치, 고등어, 연어 등 수은 농도가 낮은 생선은 걱정하지 않아도 된다.

DHA를
강화한 밥
Recipe

10분 만에 만들 수 있는 'DHA 밥'을 지어보자

\ 통조림 생선으로 /

재료를 섞어서 밥만 지으면 된다

지금까지 생선을 굽거나 조려서 식탁에 올렸다면 이제는 생선으로 밥을 지어보자!

Before

통조림의 내용물은 국물까지 다 넣는다!

생선의 감칠맛과 된장의 깊은 맛이 어우러진 통조림 국물을 넣으면 밥이 맛있게 지어진다.

After

밥이 다 됐다!

버섯과 당근도 부드럽게 익어서 밥이 고슬고슬하다. 우엉, 연근, 무, 고구마 등을 넣어도 좋다(반드시 물의 양을 조절한 뒤에 채소류를 넣자).

통조림 생선은 DHA도 양념도 신경 쓸 필요가 없다

고등어 영양밥

재료(4인분)

쌀 …… 2컵(360㎖)
통조림 고등어(된장 양념에 조린 것) …… 1캔(190g)
자주 먹는 버섯 …… 1팩
당근 …… 3cm
A ┌ 다진 생강 …… 1큰술
  └ 맛술, 간장 …… 1큰술씩
참기름 …… 1/2큰술
쪽파 …… 1/2가닥

조리법

1 쌀은 씻어서 전기밥솥에 안치고 물을 맞춘다.

2 버섯은 밑뿌리를 잘라내고 잘게 썬다. 당근은 은행잎 모양으로 잘게 썬다.

3 **1**에 **A**를 섞고, 통조림 고등어와 **2**를 얹어서 평소처럼 밥을 짓는다.

4 밥이 다 지어지면 참기름을 넣어 비비고 쪽파를 송송 썰어 얹는다.

영양 UP 정보

통조림 고등어는 고온에서 압력을 가해 조리한 것이기 때문에 뼈까지 먹을 수 있어 DHA는 물론 칼슘도 섭취할 수 있다. 집에 있는 버섯이나 채소를 더하면 식이섬유 등의 영양소도 보강할 수 있다.

밑간을 살짝 해두면 아이들이 더 맛있어 한다!

아이들은 맛이 없으면 먹지 않는다. 생참치도 그럴 수 있는데, 약간의 밑간으로 참치의 비린내를 없애면 아이들이 더 좋아한다.

생선·채소·해조류·달걀로 영양의 균형을 잡은 밥

참치회 덮밥

재료(4인분)

따뜻한 밥 …… 4인분
생참치(살코기) …… 300g
A ┌ 간장 …… 1.5큰술
│ 맛술 …… 1큰술
└ 참기름 …… 1/2큰술
무말랭이 …… 30g
B ┌ 식초 …… 1큰술
│ 설탕 …… 2작은술
└ 소금 …… 약간

데친 시금치 …… 200g
C ┌ 간장 …… 2작은술
│ 참기름 …… 1작은술
└ 다진 마늘 …… 약간
미역(물에 불린 것) …… 100g
참기름 …… 1/2큰술
간장 …… 1/2큰술
소금, 참기름 …… 적당량
달걀 반숙 …… 4개

조리법

1 참치는 잘게 썰어서 **A**와 섞어 10분간 재운 뒤에 물기를 없앤다.

2 무말랭이는 잘 비벼가며 씻은 뒤 소쿠리에 10분간 두었다가 먹기 좋은 크기로 썰어서 **B**에 무친다.

3 데친 시금치는 적당한 크기로 썰어서 물기를 짜내고 **C**에 무친다.

4 미역은 참기름을 넣고 살짝 볶다가 간장을 조금 부어 마저 볶아둔다.

5 밥은 소금과 참기름을 적당히 섞어서 그릇에 담은 뒤에 **1**, **2**, **3**, **4**를 얹고 달걀 반숙을 올린다. 어른은 기호에 따라 김치나 고추장을 곁들여 먹는다.

영양 UP 정보

참치는 DHA의 귀중한 공급원이다. 회로 먹으면 참치만 먹게 되지만, 집에 있는 식재료들을 첨가해 보기에도 맛있는 덮밥을 만들면 4가지 식품군(64~65쪽 참조)의 영양소를 전부 섭취할 수 있다.

규칙 06

혈액을 만드는 '철분'은 활력의 주체다

철분이 부족하면 쉽게 피로해지고 집중력이 떨어진다

혈액은 온몸의 세포에 산소를 공급하는 매우 중요한 역할을 한다. 철분은 단백질과 함께 혈액의 적혈구 속에 있는 헤모글로빈을 만든다. **철분이 모자라면 헤모글로빈을 제대로 만들지 못해 산소를 충분히 운반할 수 없는데,** 그래서 생기는 병이 '철 결핍 빈혈'이다. 빈혈이라고 하면 창백한 얼굴빛과 어지러운 증상이 먼저 떠오르지만 **걸핏하면 피곤하고, 나른하고, 집중력이 떨어지는 것도 철 결핍 빈혈의 증상이다.** 혈액의 양이 충분하지 않으면 몸이 활기를 잃어버리므로 철분은 몸에 활력을 솟게 하는 결정적인 영양소라 할 수 있다.

●● 헴철이란 무엇인가?

체내 흡수율 25%

- 동물성 식품에 함유되어 있다.
- 체내 흡수율이 높다.
- 타닌(tannin, 떫은 맛을 느끼게 하는 물질)의 영향을 받지 않는다.

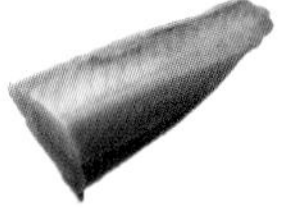
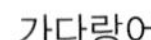
가다랑어

참치

동물의 간

돼지고기(등심)

소고기(넓적다리 살코기)

그러나 철분은 흡수율이 낮은 영양소다. 시금치와 톳에 많이 함유되어 있지만 **주로 식물성 식품에 함유된 비헴철(nonheme iron)은 흡수율이 낮으니 될 수 있으면 고기류와 생선류의 붉은 살코기 등 동물성 식품에 함유된 헴철(heme iron)을 섭취하자.** 혈액을 만드는 데는 단백질도 필요하므로, 고기류와 생선류의 붉은 살코기를 먹으면 '철분과 단백질'을 효율적으로 섭취할 수 있다.

이유기에 '철 결핍 빈혈'에 걸렸을 가능성도 있다

아이가 빈혈에 걸리는 원인을 찾다 보면 엄마의 임신 기간으로 거슬러 올라간다. 아이는 엄마의 배 속에 있을 때 엄마로부터 받은 철분을 '저장(貯藏)철'의 형태로 몸에 지니고 태어나 **엄마와 아이의 저장철 보유량은 비례한다.** 다시 말해, **빈혈에 걸린 엄마가 낳은 아이는 빈혈에 걸리기 쉽다!** 게다가 출생 시 몸무게가 적을수록 저장철의 양은 적다.

아이에게 저장철이 어느 정도 있는지는 알기 어렵다. 하지만 이유식으로 철분을 충분히 섭취하지 못하면 쉽게 철분 결핍성 빈혈에 걸려버린다. 만약 아이가 **자주 울고, 초조한 몸짓을 보이며, 언어·인지 발달이 더디다면 철분 결핍을 의심할 수 있는데, 부모가 그런 낌새를 알아채지 못한 상태에서 성장해버리는 아이도 있다.** 다행인 점은 그런 아이도 지금부터 철분을 보충하면 회복될 수 있다는 것이다. 오늘부터는 철분이 적게 들어 있는 국수류나 빵은 줄이고, 고기류나 생선류를 매일 먹이자.

비헴철이란 무엇일까?

- 식물성 식품에 함유되어 있다.
- 체내 흡수율이 낮다.
- 타닌의 영향을 받는다.
- 비타민C의 도움으로 흡수율이 높아진다.

체내 흡수율
3~5%

시금치

톳

생청국장(낫토)

두부

프룬(마른 서양자두)

식사 후 30분 이내에 타닌이 많이 들어 있는 커피, 홍차 등을 마시면 비헴철의 흡수가 방해받는다.

철분을 강화한
국과 밥
Recipe

매일 조금씩 철분을 비축하자

왜 바지락이 좋은가?

- 철분이 풍부하다.
- 칼슘, 아연 등의 미네랄이 풍부하다.
- 감칠맛이 잘 우러나므로 국물 요리에 적합하다.
- 해감을 한 바지락은 냉동 보관을 했다가 끓는 국에 넣으면 간편하게 조리할 수 있다.

바지락 해감하기

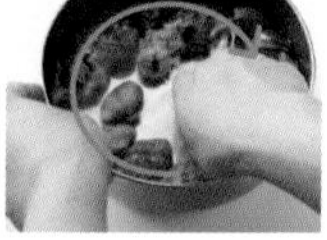

바지락은 바닷물과 염도가 비슷한 소금물에 1시간쯤 담가두면 모래를 잘 토해내며, 민물에 담그면 소금기도 잘 빠진다. 신문지 같은 것으로 덮어서 어두운 환경을 만들어주면 해감이 더 잘된다. 해감 후엔 박박 씻어 물에 담근 채 손으로 빙빙 돌리면 바지락이 입을 잘 벌린다.

국물에 녹아든 철분까지 다 먹는다

두부와 소송채를 넣은 바지락국

재료(4인분)

바지락 …… 200g
소송채 …… 2~3포기
A ┌ 물 …… 3컵
　│ 다시마 …… 10cm 1장
　└ 마른 멸치 …… 10g

참기름 …… 1큰술
다진 마늘 …… 육쪽마늘 1쪽 분량
두부(부드러운 것) …… 1/2모
간장 …… 적당량

조리법

1 바지락은 해감을 하고, 소송채는 2cm 길이로 썬다.

2 냄비에 **A**를 넣고 가열하다 끓기 직전에 불을 끈다. 물이 식으면 다시마와 멸치를 꺼낸다.

3 다른 냄비에 참기름과 다진 마늘을 넣고 중간 불로 볶는다. 마늘 냄새가 나기 시작하면 바지락과 **2**를 넣는다. 바지락이 입을 벌리면 두부를 썰어서 소송채와 함께 넣고 끓이다가 간장으로 간을 한다.

영양 UP 정보

바지락과 소송채, 두부는 철분이 풍부한 식품이다. 특히 소송채와 같은 푸른 잎채소에는 철분이 풍부하면서 철분의 흡수를 도와주는 비타민C까지 함유되어 있다. 두부나 생청국장(낫토) 등의 콩 식품에도 철분이 많다.

다진 소고기가 왜 좋을까?

- 흡수가 잘되는 동물성 철분이 함유되어 있다.
- 붉은 살코기에는 철분이 많다. 소고기가 없다면 돼지고기로 대체해도 좋다.
- 다진 고기는 아이들이 먹기에 좋다. 소보로(다진 고기를 양념해서 볶은 것)로 만들어 먹이면 매일 철분을 섭취할 수 있다.

소고기 소보로 만들기(만들기 쉬운 분량)

소고기 소보로는 주먹밥, 볶음밥, 달걀말이에 섞거나 파스타에 넣기도 하고, 볶음이나 조림 요리에 뿌려도 좋다. 넉넉히 만들어두면 필요할 때 바로 활용할 수 있어 편리하다. 만드는 방법은 어렵지 않다. 다진 소고기 200g, 비정제 설탕 2큰술, 간장 2큰술, 생강즙 1작은술, 녹말 1작은술을 팬에 넣고 잘 섞은 뒤에 물기가 없어질 때까지 저으면서 볶으면 완성!

소고기와 달걀로 철분을 이중으로 보충하자

소고기 소보로와 달걀 덮밥

재료(1인분)

따뜻한 밥 …… 1공기

A ┌ 달걀 …… 1개
│ 꿀 …… 1/2큰술
└ 소금 …… 약간

소고기 소보로 …… 2~3큰술

우메보시(매실을 소금에 절인 후 말린 식품) …… 적당량

잘게 썬 쪽파 …… 적당량

조리법

1 **A**는 잘 섞어서 팬에 붓고 중간 불로 달걀을 잘게 부숴가며 볶는다. 또는 내열 용기에 넣고 뚜껑을 덮지 않은 채 전자레인지(600W 기준)에서 1분간 가열한 뒤 거품기로 달걀을 잘게 부순다.

2 그릇에 밥을 담고 소고기 소보로, **1**, 우메보시를 얹고 쪽파를 뿌린다. 어른은 기호에 따라 산초 가루를 뿌려도 좋다.

영양 UP 정보

철분은 동물의 간(肝)에 가장 많이 함유되어 있지만, 붉은색을 띠는 살코기에도 많다. 소고기 중에서 넓적다리 살코기는 철분을 보충하는 데 좋은 식품이라고 할 수 있다. 비프스테이크로 한꺼번에 양껏 먹이기보다는 매일 조금씩 섭취해 철분을 몸에 저장하게 하자. 달걀의 노른자도 좋은 철분 공급원이다.

규칙

07 '장내 세균'의 면역력을 가볍게 보지 말자

장에는 면역 세포의 60%가 모여 있다

태아의 장(腸)에는 원래 세균이 없다. 최초의 장내 세균은 태아가 산도를 빠져나올 때 입으로 들어온 세균이 장에 도달해 터전을 잡은 것으로 여겨진다. 장내 세균의 수는 태어나서 4세가 될 때까지 거의 정해진다. 부모들은 아이가 어릴수록 세균을 없애거나 막는 데 온 힘을 기울이지만 최근의 연구들은 **많은 사람 또는 동물, 사물과 접촉해서 가급적 장내 세균의 종류와 수를 늘리는 것이 장내 환경을 좋아지게 만든다고 밝히고 있다.**

장내에는 '유익균'과 '유해균', 그리고 '눈치꾼균', 즉 기회주의자와 같은 균이 있다. 유익균이 우세하면 눈치꾼균도 우리 몸에 이롭게 작용하지만, 유해균이 우세하면 눈치꾼균이 우리 몸에 해롭게 작용하므로 주의해야 한다.

'대변 이식'이라는 치료법이 있다. 암과 같은 난치병에 걸린 사람에게 건강한 사람의 변을 이식함으로써 장내 세균의 균형을 맞춰 병을 고치는 요법이다. 이런 치료법이 유용한 이유는 장은 면역 세포의 60% 정도가 모여 있는, 우리 몸에서 가장 큰 면역 기관이기 때문이다. 그러므로 배변이 잘되게 하고 **장내 환경을 좋게 만드는 것은 면역력을 강화해 감염증이나 질병을 예방하고 쉽게 비만해지지 않는 체질로 바꾸는 등 건강하게 사는 데 꼭 필요한 요소다.**

음식으로 장내 환경을 개선하자

식사는 장내 환경을 결정짓는 중요한 요소다. 장내 세균은 3일 간격으로 교체되므로 유익균을 늘리는 식사를 매일 하지 않으면 의미가 없다. **젖산균과 같이 몸에 이로운 균이 포함된 발효식품(25쪽 참조)을 하루에 한 가지는 먹고, 유익균의 먹이가 되는 탄수화물(당질과 식이섬유)은 매일 먹어야 한다.**

변비가 있을 때는 식이섬유를 충분히 섭취해야 한다. 식이섬유는 2종류가 있다. 불용성 식이섬유와 수용성 식이섬유다. 어린이의 변비는 대부분 직장성 변비(변이 직장 근처까지 내려와서 변의는 강한데 변이 나오지 않아 오랫동안 힘을 줘야 하는 변비)로, 불용성 식이섬유가 많은 음식(현미 · 시리얼 · 당근 · 버섯 · 바나나 등)을 먹으면 장이 자극을 받아 변의 부피를 늘리므로 도리어 증상이 악화될 수 있다. 그러니 변에 수분을 공급해 부드럽게 만드는 수용성 식이섬유(생청국장 · 해조류 · 곤약 등)를 골고루 섭취하게 하자.

●● 장내 환경에 좋은 식품과 나쁜 식품

유익균을 늘린다(발효식품)		세균의 먹이가 된다		유해균을 늘린다	
요구르트	생청국장(낫토)	올리고당	밥	오래된 튀김	고기류의 지방

규칙

08 '비타민과 미네랄'을 충분히 먹이자

부족한 채소 반찬을 식탁에 더 많이 올리자

"아이가 채소를 먹지 않아요"라고 걱정하는 부모가 많은데, 그렇게 말하는 부모들도 실은 채소를 적게 섭취하는 경우가 많다. 20대에서 40대의 부모 가운데 채소의 하루 권장섭취량인 350g 이상을 먹는 사람은 20%에 불과할 정도다. 먹는 음식의 종류도 다양하지 않아 버섯, 감자·고구마, 콩, 해조류 등을 덜 먹는다.

비타민과 미네랄은 우리 몸에 아주 적은 양이 필요하지만 섭취량이 모자라면 몸 상태가 나빠지고, 지나치게 모자라거나 너무 많이 섭취하면 병으로 이어지니 가볍게 여기지 말아야 한

●● **지용성 비타민**

비타민 A	비타민 D	비타민 E	비타민 K
피부와 점막을 강화하고 감기를 예방한다.	칼슘의 흡수를 촉진하고 면역력을 높인다.	항산화 작용을 하고 자외선으로부터 몸을 보호한다.	지혈 작용을 하고 칼슘의 흡수를 돕는다.

기름(지방)과 함께 먹으면 흡수율이 높아진다.

예를 들면 ……

당근에 풍부한 베타카로틴(몸속에서는 비타민A로서 작용)은 당근 샐러드에 드레싱을 뿌려 먹으면 흡수율이 올라간다.

다. 예를 들어, 해조류에 많이 함유된 아이오딘(요오드)은 갑상샘호르몬의 주성분이 되는 중요한 미네랄이다. 이것이 결핍되면 신진대사나 발육에 지장이 생긴다.

채소, 버섯, 감자·고구마, 콩, 해조류는 식이섬유의 보고다. **식이섬유는 장내 환경을 좋게 가꾸어줄 뿐만 아니라, 식사할 때 제일 먼저 먹으면 혈당의 급격한 상승을 억제한다.** 그리고 잘 씹어야 삼킬 수 있으므로 빨리 먹거나 너무 많이 먹는 것을 방지한다. 아이가 비만이나 당뇨병에 걸릴 것 같아 걱정된다면 '채소 먼저 먹이기'에 신경 쓰자.

'한 끼에 5가지 색의 식품 먹이기'를 목표로 삼자

'보기 좋은 떡이 먹기도 좋다'라는 속담처럼 식탁에 놓인 음식이 다채로우면 식욕이 돋는다. 특히 비타민·미네랄이 풍부한 음식은 색깔이 고와서 식욕을 자극한다. 여러 가지 색의 음식이 골고루 차려졌다는 것은 영양이 균형을 이루었다는 증거다. **빨강·노랑·초록·보라·하양·검정·갈색 가운데서 '끼니마다 5가지 색의 식품을 먹이도록' 애쓰자.**

이는 그다지 어려운 일이 아니다. 우리가 자주 먹는 샐러드에는 빨강·노랑·초록의 채소가 들어가며, **조림이나 된장국에는 갈색(버섯·우엉 등의 뿌리채소), 검정(김·미역·톳 등의 해조류), 하양(무·두부·잔멸치)의 식품도 들어 있다.** 이같이 집에서 음식을 만들면 색깔이 다양해지는, 즉 영양소가 고루 갖춰지는 장점이 있다.

비타민은 먹는 방법에 따라 흡수율이 달라진다!

●● 수용성 비타민

비타민 **B** 군 (비타민B1, 비타민B2, 나이아신, 비타민B6, 비타민B12, 엽산, 판토텐산, 바이오틴)
서로 협력해 다양한 대사 작용에 관여한다.

비타민 **C**
콜라겐의 생성을 도와 피부나 뼈를 튼튼하게 만든다.

+ 국물과 함께 먹으면 효율적으로 흡수된다.

예를 들면 ······ 엽산과 비타민C가 많이 함유된 브로콜리는 살짝 데치거나 수프로 만들어 국물까지 다 먹으면 흡수율이 높아진다.

연령별 1일 채소 섭취 기준량 ➜ Part 2(142~161쪽) 참고

영양이
균형 잡힌
밑반찬
Recipe

의식적으로 7가지 색의 식품을 먹이자

식단의 영양은 색으로 점검할 수 있다.
7가지 색, 즉 빨강·노랑·초록·보라·하양·검정·갈색 가운데
5가지 색이 식탁에 차려지면 합격이다.
채소류, 해조류, 버섯류로 밑반찬을 후다닥 만들어서 '색=영양소'를 늘리자.

토마토를 끓는 물에 데치면 껍질이 쉽게 벗겨진다

토마토를 끓는 맛국물에 데치면 따로 물을 끓일 필요가 없다.

익힌 토마토에 달걀을 보태
영양과 감칠맛을 늘린 수프

토마토 달걀 수프

재료(4인분)

토마토 …… 1개
달걀 …… 2개
녹말, 물 …… 1큰술씩
가늘게 썬 생강 …… 육쪽마늘 1쪽 크기
참기름 …… 1큰술
A ┌ 물 …… 3컵
│ 가루형 치킨스톡 …… 1큰술
└ 맛술 …… 2큰술
소금, 굵게 간 후추 …… 약간씩

조리법

1 냄비에 참기름과 생강을 넣고 중간 불로 볶는다. 생강 냄새가 나면 **A**를 넣고 팔팔 끓인다.

2 토마토는 꼭지를 도려내고 **1**에 5초 정도 넣었다가 꺼내서 껍질을 벗긴 뒤에 큼직하게 썬다.

3 볼에 녹말과 물을 넣고 저은 뒤에 달걀을 깨서 넣고 풀어준다.

4 **1**에 **2**의 토마토를 넣고 끓인다. 다시 끓어오르면 **3**을 넣고 소금으로 간을 맞춘다. 그릇에 담고 기호에 따라 굵게 간 후추를 뿌린다.

플레인 요구르트로 묽기를 조절하고 영양을 강화한다

단호박이 너무 뻑뻑하면 플레인 요구르트를 조금 많게, 물기가 많으면 조금 적게 넣어 묽기를 조절하면 먹기가 좋다.

아이의 입맛에 맞춘
짜지 않고 상큼 달달한 샐러드

단호박 샐러드

재료(4인분)

단호박 …… 300g
건포도 …… 3큰술
A ┌ 플레인 요구르트 …… 3~4큰술
카레 가루 …… 1작은술
소금 …… 1/4작은술
후추 …… 약간
└ 비정제 설탕 …… 1작은술
샐러드용 채소, 얇게 썬 아몬드 …… 각각 적당량

조리법

1. 단호박은 숟가락으로 씨를 빼내고 찜통에 쪄서(또는 랩으로 싼 후에 600W의 전자레인지에서 6분간 가열해서) 먹기 좋은 크기로 썰어 으깬다.
2. 건포도는 딱딱하면 살짝 데친다.
3. **1**과 **2**, **A**를 뒤섞는다.
4. 샐러드용 채소를 그릇에 깔고 **3**을 담은 뒤에 아몬드를 뿌려준다.

데친 채소를 냉장 보관할 때
키친타월을 밑에 깔아주면 쉽게 상하지 않는다

키친타월이 불필요한 수분을 빨아들이므로 잡균이 번식하기 어려워진다. 냉장 보관은 3일 이내가 좋다.

견과류로 무쳐
영양을 더한 반찬

시금치 땅콩 무침

재료(4인분)

데친 시금치 …… 200g(1단)
팽이버섯 …… 1봉지
A ┌ 땅콩버터(설탕 무첨가) …… 2큰술
│ 간장 …… 2작은술
└ 비정제 설탕 …… 1~2작은술

조리법

1 팽이버섯은 3cm 길이로 썰어서 찐다(또는 내열 용기에 넣고 랩으로 싼 뒤 600W의 전자레인지에 넣어서 1분간 가열한다). 팽이버섯을 찔 때 나온 국물은 버리지 않는다.

2 **A**를 잘 섞은 후에 **1**을 국물과 함께 넣고 섞는다.

3 데친 시금치는 물기를 짜낸 뒤 먹기 좋게 썰어서 **2**에 넣고 무친다.

꿀된장으로 맛에 변화를 주자

꿀된장은 채소 외에 고기나 생선에 발라서 구워도 맛있다(36쪽 '연어와 버섯 포일구이' 참조). 냉장고에 2주간 보관할 수 있다.

참기름을 발라서 굽고
꿀된장으로 양념한 영양 반찬

달달한 가지 구이

재료(4인분, 꿀된장은 적당한 분량)

가지 …… 3개
참기름 …… 1큰술
A ┌ 꿀 …… 4큰술(약 90g)
　└ 된장 …… 4큰술(약 70g)
볶은 참깨 …… 적당량

조리법

1 가지는 1cm 두께로 동그랗게 썰어서 참기름을 골고루 발라준다.

2 달궈진 팬에 가지를 올리고 뚜껑을 닫고 중간 불로 익히다가 뚜껑을 열고 아래위를 뒤집어가며 노릇노릇하게 굽는다.

3 **A**를 한데 섞는다.

4 그릇에 구운 가지를 담고 **3**을 골고루 바른 뒤에 참깨를 뿌려준다.

김을 비닐봉지에 넣어서 으깨자

토핑으로 활용할 김은 비닐봉지에 넣어서 으깨면 주변으로 흩어지는 것을 막을 수 있다.

콩과 해조류가 모자라는 날에 적합한 반찬

김양념장을 얹은 두부

재료(김양념장은 적당한 분량)

두부 …… 1모

A
- 구운 김(자르지 않은 것) …… 1장
- 볶은 참깨 …… 2큰술
- 다진 마늘 …… 1/2작은술
- 비정제 설탕 …… 2작은술
- 간장 …… 3큰술
- 참기름 …… 1큰술

조리법

1 구운 김은 비닐봉지에 넣고 으깨서 부순 뒤 볼에 담고 **A**의 나머지 재료들을 넣고 섞는다.

2 두부를 4등분해서 그릇에 담고 **1**의 적당량을 각각의 두부에 얹는다.

마른 톳은 뜨거운 물에 담그면 빨리 불릴 수 있다

마른 톳은 찬물에 30분 담가 두기보다는 뜨거운 물에 담그면 2분 만에 불릴 수 있으므로 샐러드 같은 요리를 바로 만들 수 있다.

콩과 벚꽃새우를 넣어
영양도 씹는 맛도 좋은 샐러드

톳콩샐러드

재료(4인분)

마른 톳 …… 10g
오이 …… 1개
벚꽃새우 …… 3큰술
혼합 콩(삶은 콩) …… 1/2컵(50g)
A 볶아서 빻은 참깨 …… 3큰술
식초 …… 2큰술
간장 …… 1.5큰술
비정제 설탕, 참기름 …… 1큰술씩

조리법

1 냄비에 물 2컵을 붓고 끓이다가 마른 톳을 넣고 불을 끈다. 2분 뒤에 톳을 건져서 소쿠리에 담고 물에 헹군 뒤 물기를 뺀다.

2 오이는 채를 썰고, 벚꽃새우는 마른 팬에 볶는다.

3 물기 빠진 톳을 볼에 담고 **A**를 넣어 무친다.

4 **3**에 **2**와 혼합 콩을 넣고 섞는다.

버섯을 냉동해두면 편리하다

버섯은 먹기 좋은 크기로 썰어서 그대로 냉동 보관할 수 있다. 그러면 언제라도 쓸 수 있고, 감칠맛 성분도 늘어난다.

부모와 아이가 함께 먹는
면역력 강화 반찬

버섯 마리네*

재료(4인분)

각종 버섯 …… 3봉지(약 300g)
양파 …… 1/4개
A ┌ 소금 …… 1작은술보다 조금 적게
│ 식초, 올리브유 …… 2큰술씩
└ 설탕 …… 1꼬집

조리법

1 버섯은 밑뿌리를 떼어내고 먹기 좋은 크기로 자른다. 양파는 얇게 썬다.

2 팬에 **1**과 **A**를 넣고 섞은 뒤 뚜껑을 닫고 중간 불로 8분간 가열한다(또는 내열용기에 **1**과 **A**를 넣고 랩을 씌운 뒤 600W의 전자레인지에 5분간 가열한다).

* 마리네(mariné): 생선, 고기, 식초, 기름, 향미료 등을 섞어서 담은 프랑스식 요리

규칙 09 '영양소'는 팀플레이, 엄마가 코치하자

영양소는 잘 배합하지 않으면 효율적으로 기능하지 않는다

영양소의 종류는 탄수화물, 단백질, 지방 외에도 비타민과 미네랄 수십 가지가 있다. 우리 몸은 이토록 많은 영양소를 효율적으로 이용해 몸과 에너지를 만드는 구조로 이루어져 있다. **'영양의 균형이 중요하다'는 말은 각 영양소가 독자적으로 기능하지 못하고 서로 협력해 작용한다는 것을 의미한다.**

하나의 식품에 모든 영양소가 함유되어 있지는 않다. 그래서 서로의 작용을 돕는 영양소를 함유한 식품을 함께 섭취해야 한다. 예를 들면, 곡류가 에너지로 바뀌는 데는 비타민B군 등의 도움이 필요하기에 **아침밥으로 빵을 먹는다면 비타민B군이 함유된**

●● 탄수화물+비타민B군

밥(탄수화물)에서 에너지를 만들려면 고기류, 생선류, 달걀, 녹황색 채소 등 비타민B군이 함유된 음식을 함께 먹어야 한다.

●● 철분+비타민C

흡수율이 낮은 비헴철은 비타민C가 많이 들어 있는 파프리카(빨간색), 브로콜리, 레몬 등과 함께 먹으면 흡수율이 올라간다.

반찬을 함께 먹을 필요가 있다. 그렇지 않으면 오전 시간에 집중력이 떨어지는 경험을 하게 된다. 또 반찬으로 돼지고기를 먹을 때 양파·부추·마늘 등을 함께 먹으면 돼지고기 속 비타민B_1의 흡수율이 좋아져 피로 해소에 도움이 된다. 이같이 영양소는 서로 협력해 우리 몸을 만들고 움직이는 데 필요한 에너지를 만든다. 그래서 근육을 단련하려고 단백질만 먹는 것도 좋지 않다. 채소, 해조류, 감자·고구마 등을 함께 먹음으로써 비타민과 미네랄을 골고루 섭취해야 근육 단련이 더 잘된다.

먼저 4가지 식품군을 선발하자

하지만 모든 영양소의 기능을 생각하면서 음식을 만드는 일은 대단히 어렵다. 도대체 무엇과 무엇을 같이 먹으면 좋은지 알고 싶다면 64~65쪽에 소개하는 4가지 식품군을 참고하자. **그리고 엄마들은 식품군의 코치가 되었다고 생각하자.** 축구 팀이나 야구 팀이 스타 선수, 발이 빠른 선수, 수비에 강한 선수 등으로 진용을 갖춰야만 경기에서 이길 수 있듯 영양소가 몸속에서 제대로 작용하게 하려면 4가지 식품군을 골고루 섭취해야 한다.

먼저 4가지 식품군을 사서 비축해두자. 그리고 예를 들어 2군의 단백질이라면 아침은 달걀, 점심은 고기류, 저녁은 생선류와 두부 식으로 **매끼 같은 식품을 먹지 않도록 하루 세끼의 식단을 짜자.**

●● **비타민B_1+알리신**

마늘, 파에 들어 있는 알리신은 돼지고기에 함유된 비타민B_1(피로 해소 비타민)의 흡수율을 높여준다. 원기를 돋우고 싶을 때 배합해보자.

식단은 균형이 중요하다

엄마는 뛰어난 코치로 변신하여 세끼 식사 + 간식에 식자재를 골고루 등장시키자!

엄마와 아이가 함께 부족해지기 쉬운 칼슘과 철분이 보충된다

유제품과 달걀에는 질이 좋은 단백질이 들어 있으며, 성인과 어린이에게 모자라기 쉬운 칼슘, 철분도 두루 함유되어 있다. 조리도 간단하므로 아침 식사나 간식으로 온 가족이 같이 먹자.

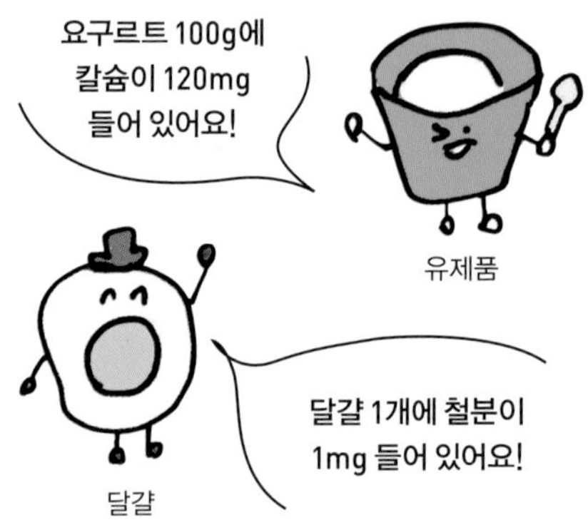

1일 섭취 권장량

칼슘(mg)			철분(mg)	
남	여	나이(세)	남	여
600	550	4~6	5.5	5.5
600	550	7~8	6.5	6.5
650	750	9~10	8.5	8.0
700	750	11~12	10	9.5
1,000	800	13~15	11	10

출처 : 일본인의 식사 섭취 기준, 2015

근육·혈액 등 몸을 만드는 단백질이 섭취된다

어패류, 고기류, 콩 식품에는 근육과 혈액 등 몸을 만드는 주재료인 단백질이 풍부할 뿐만 아니라 DHA, 철분 등의 영양소도 들어 있다. 그러므로 '고기류만' 먹이지 말고 어패류나 콩 식품도 같이 먹이자.

4가지 식품군으로 영양소를 고루 섭취하게 하자

영양소는 어느 한쪽으로 치우치면 기능을 효율적으로 발휘하지 못한다!

몸 상태를 바로잡는 비타민·미네랄의 보고다

3군 식품에는 비타민·미네랄, 식이섬유 등 우리 몸의 상태를 조절하는 영양소가 많이 함유되어 있다. 색깔이 진한 녹황색 채소는 영양가가 높으니 일부러라도 먹이자. 버섯, 해조류, 감자·고구마, 과일도 잊지 말고 먹게 하자.

녹황색 채소

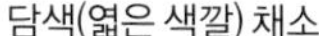

담색(옅은 색깔) 채소

감자·고구마

해조류

과일

뇌와 몸을 움직이는 소중한 에너지원이다

4군 식품은 생활하는 데 필요한 에너지원이 된다. 주식인 밥, 빵, 국수 등에는 당질뿐만 아니라 식이섬유도 많이 함유되어 있다. 성장에 꼭 필요한 영양원이므로 반드시 하루 세끼 주식으로 먹이자.

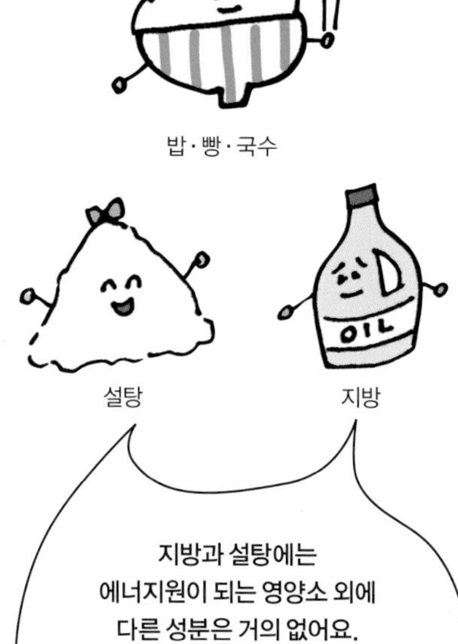

출처 : 여자 영양대학의 4군 점수법

규칙 10

영양이 '지나치거나 모자란' 식단은 옐로카드!

우리 몸은 먹은 음식으로 만들어진다

일본인의 식사 섭취 기준의 기초 자료인 '영양 소요량'은 1969년에 처음 정해졌다. 그때는 '결핍증 예방'이 주목적이었지만, 요즘은 식생활 수준이 너무 높아지면서 '과잉증', 즉 너무 많이 섭취하는 증상에 대한 대책도 중요해졌다.

'당신이 먹는 음식이 곧 당신이다(You are what you eat)'라는 서양 속담이 있다. 이 말대로 우리 몸은 먹은 음식으로 이루어진다. 먹은 음식이 몸에 영양을 공급하고, 세포를 만들며, 활동 에너지로 쓰인다. 하지만 **어떤 영양소도 몸속에서 모자라거나 지나치면 오히려 해를 끼치고 만다. 따라서 '적당량'을 섭취하는 것이 무엇보다 중요하다.**

	단백질	지방·탄수화물
너무 많으면	**과잉!** 쓰고 남은 분량이 오줌으로 배설되므로 콩팥에 부담을 준다. 칼슘의 배설을 부추기므로 뼈가 약해진다.	**과잉!** 몸에 지방이 축적되어 비만해진다.
모자라면	**결핍!** 발육이 늦어진다. 면역력이 떨어져서 저항력이 약해진다. 근력이 저하한다.	**결핍!** 뇌가 활동하지 않는다. 몸을 움직일 에너지가 부족하다.

부모가 적당량을 조절해주어야 한다

'채식주의'나 '당질 제한' 등 다양한 식사법이 사람들 사이에서 화제가 되고 있는데, 실은 **영양의 균형이 잡힌 식사, 즉 균형식(食)을 할 경우 사망률이 가장 낮다는 사실이 정부 조사로 밝혀졌다. '균형식'보다 좋은 식사법은 아직 존재하지 않는다.**

어린이는 대체로 좋아하는 것만 먹고 싶어 하기에 **아이 스스로 음식을 선택하게 하면 균형 잡힌 식사를 하지 못할 것이 분명하다. 그렇기 때문에 부모가 잘 살펴서 적당량을 조절해주어야 한다(연령별 1일 식사량의 기준은 142~161쪽 참조).**

음식을 무절제하게 먹는 아이는 뇌에 포만감을 느끼는 단백질이 적을 가능성이 높다. 그런 아이에게는 가다랑어포 맛국물을 써서 음식을 만들어주자. 포만감이 커져서 과식을 예방할 수 있다. 고기만 먹는 아이에게는 감칠맛이 적은 샐러드를 주기보다는 감칠맛이 많이 나는 흰 살 생선이나 잎새버섯, 토마토로 음식을 만들어서 먹이자.

최근 초등학교 여학생들까지 다이어트를 한다는 이유로 식사를 거부하는 일이 많은데, 만일 내 딸이 살을 빼야 한다며 식사량을 줄이거나 안 먹으려 한다면 이렇게 얘기해주자.

"제대로 먹지 않으면 키가 자라지 않고 모델 같은 몸매가 될 수 없어. 그리고 몸무게와 체지방이 필요한 만큼 늘지 않으면 장차 엄마가 될 수 없단다(첫 월경을 할 수 없다는 의미)."

비타민	미네랄
과잉! 과잉증은 거의 없다. 단, 수용성 비타민은 많이 섭취하지 않도록 주의하자.	**과잉!** 소금(나트륨)을 많이 섭취하면 콩팥에 부담이 생긴다. 인은 뼈를 약하게 만든다.
결핍! 몸 상태가 나빠지기 쉽다. 다른 영양소도 제대로 작용하지 않게 된다.	**결핍!** 칼슘이 부족하면 뼈가 약해진다. 마그네슘이 부족하면 변비가 생기고, 철분이 부족하면 빈혈이 생긴다.

규칙 11

과자는 '간식'이 아니며, 영양이 없고 열량만 높은 식품이다

아이가 잘 먹는 음식만 주는 것이 좋은 식사일까?

우리의 부모 세대로 거슬러 올라가 말 그대로 온 가족이 '밥상'에 둘러앉아 식사를 하던 시대에는 아버지가 밥상 앞에서 예의범절을 엄하게 가르쳤다. 이를테면 "반찬투정하지 마라", "편식하지 마라", "남기지 말고, 감사하는 마음으로 먹어라"라고 교육했다. 그렇지만 요즘은 식탁에 둘러앉아 아이 입맛에 맞는 음식을 먹는 분위기로 바뀌었다. 그래도 50대 이상의 세대에는 '가족이 싫어하더라도 건강에 좋은 음식을 만든다'는 사고방식이 남아 있지만 **40대 이하의 세대는 '아이가 좋아하는 음식을 주는 것이**

좋은 부모'라는 생각을 당연하게 여긴다.

이전에는 학교 급식도 무조건 음식을 남기지 않도록 지도했지만, 요즘은 학생들의 기호에 맞춰 식단을 짬으로써 음식을 모두 먹도록 보살펴준다. 그러나 실제로는 집에서 먹어본 적이 없는 음식은 먹지 않거나, 먹어도 남기는 학생이 많다고 한다. **아이가 좋아한다면 그것으로 안심해도 될까? 아이가 달라고 하는 음식만 먹여도 건강하게 자랄까? 이 점은 부모로서 다시 생각해볼 일이다.**

과자와 주스로는 제대로 성장하지 않는다

어떤 부모는 아이가 단것만 먹으려 한다고 걱정하는데, 아이가 보챈다고 해서 달래기용으로 무심결에 과자를 주고 있지는 않은지 부모 스스로 되돌아봐야 한다.

분명히 말해서 과자에는 '영양가가 없고 열량만 있다(empty calory)'. 즉 열량이 높더라도 성장에 필요한 영양은 '텅 비어 있다'. 그뿐만 아니라 우리 몸에 불필요한 지방(기름)과 설탕이 지나치게 많이 들어 있다. 예를 들어, 감자칩은 지방이 많아서 100g에 열량이 500kcal 이상이며, 이는 유아의 한 끼 열량보다 높다. 달콤한 탄산음료는 350㎖ 1캔에 각설탕이 10개나 들어 있다. 간식으로 감자칩이나 팝콘 같은 스낵 과자를 먹거나 달콤한 주스를 마시면 열량이 넘쳐 식사를 못 하는 일이 다반사다.

제2장에서 자세히 설명하겠지만, 지방도 설탕도 하루 필요량이 1큰술보다 적다. 이 정도 양은 식사로도 충분히 섭취할 수 있으므로 과자를 먹일 필요가 없다.

'포도당 과당 액당'의 지나친 섭취에 주의하자!

'포도당 과당 액당'은 포도당을 인공적으로 더욱 달게 만든 것이다. 주스 제조 등에 널리 쓰이는데 당분을 지나치게 많이 섭취하게 한다는 점이 문제다. 포도당 과당 액당 → 과당 포도당 액당 → 고(高)과당 액당의 순서로 당도가 높아지니 원재료 표시를 꼭 확인하자.

간식은 영양을 보충하는 식사의 일부다

간식 하면 '단것'을 떠올리지만, 아이들에게 간식은 엄연히 식사의 일부다. 아침밥과 점심밥 사이나 점심밥과 저녁밥 사이에 **식사에 영향을 끼치지 않을 정도의 양을 줌으로써 세끼 식사에서 부족한 영양소를 보충해준다.**

달콤한 과자를 주면 "아, 맛있어!"라며 즐겁게 먹겠지만 몇 시간 뒤에는 "아이, 힘들어!" 하며 공부나 수업에 집중하지 못할 수 있다. 그 이유는 **비타민B_1이 모자라면 당질의 신진대사가 잘되지 않으며, 그 결과로 젖산이 쌓여서 몸이 나른해지기 때문이다.**

또한 과자를 먹으면 몸이 당질을 조금이라도 더 배출하려고 수분을 자주 섭취하게 만든다. 이럴 때 주스와 같은 음료를 주면 '더 피곤하다→노곤하니까 단것이 더 당긴다(혈당을 올리고 싶다)'는 악순환에 빠지고 만다. 그러니 간식으로 과자를 줄 때는 비타민·미네랄이 들어 있는 보리차나 루이보스차도 함께 마시게 하자. 어쩔 수 없이 달콤한 음료를 마시게 해야 한다면 비타민·미네랄·식이섬유가 풍부한 '코코아두유'를 주는 것이 좋다. 주스 같은 단 음료는 콩이나 해조류로 만든 과자, 과일 한천, 프룬(마른 서양자두) 요구르트, 덜 단 푸딩과 함께 먹게 하자.

●● 부모들이 자주 주는 간식 7가지(복수 응답)

1 스낵 과자
2 전병
3 젤리
4 쿠키·비스킷
5 초콜릿 과자
6 아이스크림
7 레모네이드

출처 : 주부의벗사 인터넷 앙케트(응답 수: 4~13세의 아이를 키우는 엄마 244명)

간식은 정해진 시간에만 규칙적으로 먹게 하자

아이들은 입이 심심하면 "뭐라도 먹고 싶어", "간식 없어요?"라며 먹을 것을 달라고 조른다. 그렇더라도 **식사 전에는 단호하게 거절하는 것이 좋다. 간식을 꼭 먹여야 한다면 달라고 할 때마다 주지 말고 시간을 정해서 주는 것이 중요하다.**

'간식을 조금 전에 먹었으니 배가 고프지는 않을 거야. 그럼 고기만 먹이면 되겠지!'라며 식사를 소홀히 여기지 않는가? 식사 전에 아이가 배고프다고 보채더라도 "밥이 다 되어가니 잠시만 기다려"라며 참을성을 길러주자. **배가 고프면 어떤 음식이든 맛있게 먹게 되므로 음식을 가리거나, 필요량보다 적게 먹거나, 식사 시간에 산만하게 돌아다니는 행동도 줄어들 것이다.**

간식을 종일 입에 달고 있으면 충치가 생길 우려가 있다. 충치 균은 설탕을 먹이 삼아 산(酸)을 만들고, 그렇게 만들어진 산은 치아 표면의 에나멜질을 녹여버린다. 식사와 간식을 규칙적으로 먹으면 식사 후엔 침의 작용으로 입 안이 산성에서 중성으로 천천히 되돌아가지만, **단것을 잇달아 먹으면 입 속은 산성 상태가 되어 침이 치아의 상한 곳을 복구하지 못한다.** 그 결과 충치가 생길 위험이 훨씬 커지니 주의해야 한다.

간식을 규칙적으로 먹어야 하는 이유

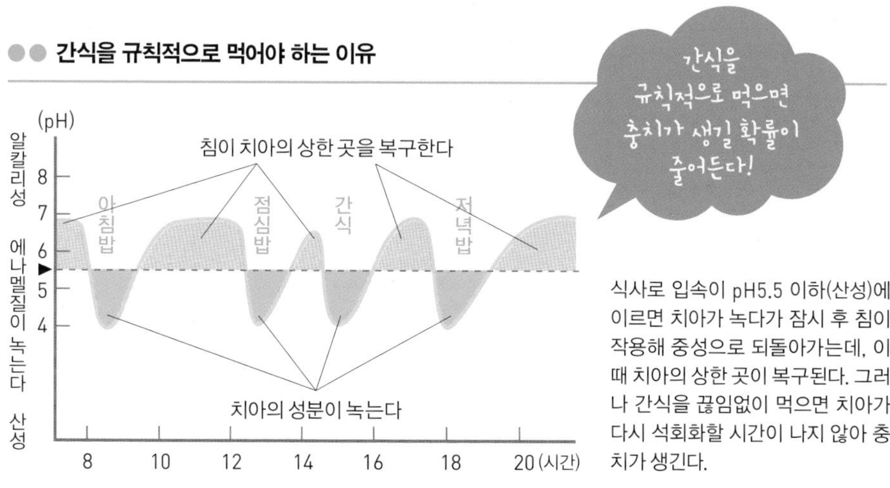

식사로 입속이 pH5.5 이하(산성)에 이르면 치아가 녹다가 잠시 후 침이 작용해 중성으로 되돌아가는데, 이때 치아의 상한 곳이 복구된다. 그러나 간식을 끊임없이 먹으면 치아가 다시 석회화할 시간이 나지 않아 충치가 생긴다.

출처 : 잡지 〈child health(어린이 건강)〉 2009년 4월호, 모테기 미즈호(茂木 瑞穗), 진료와치료사(社).

식사로 채워지지 않은 영양을 보충하는 간식 Recipe

손수 만든 간식으로 세끼 식사에서 '부족했던 영양'을 보충하자

시중에서 파는 과자에 지방과 설탕이 너무 많이 들어 있다면
도대체 어떤 간식을 준비하는 것이 좋을까?
아이에게는 물론 부모의 건강에도 도움이 되는 간식을 만들어보자.

만들어봤어요!

"혼합(mix) 견과류는 출출할 때 먹는 간식이라 자주 사요. 아이도 콩가루를 좋아해서 이 레시피로 만들어주니까 맛있게 먹네요!" (11세 딸을 둔 엄마)

견과류가 우두둑 씹히며 고소함이 입 안에 퍼진다

콩가루 묻힌 견과류

재료(만들기 쉬운 분량)

견과류(소금 무첨가) …… 100g
콩가루 …… 2큰술
A ┌ 비정제 설탕 …… 1/2컵
 └ 물 …… 2큰술

조리법

1 팬에 **A**를 넣고 가열한다. 걸쭉해지면 불을 끈 뒤에 견과류를 넣고 휘젓는다(또는 내열 용기에 **A**를 넣고 잘 섞어서 600W의 전자레인지에서 4분 정도 가열한 뒤 꺼낸다. 용기에 달라붙을 정도로 걸쭉해졌으면 견과류를 넣고 저어준다).

2 **1**에 콩가루를 붓고 견과류에 골고루 묻을 때까지 뒤섞는다.

만들어봤어요!
"군고구마를 그대로 내놓으면 잘 먹지 않는데, 치즈를 얹어주니까 더 달라고 해서 깜짝 놀랐어요. 건강에도 좋은 것 같아요." (9세 아들을 둔 엄마)

시중에서 파는 군고구마로 맛있는 간식을 만들자

군고구마 치즈 구이

재료(만들기 쉬운 분량)

군고구마 …… 200g
녹말 …… 2~3큰술
올리브유 …… 1큰술
슬라이스 치즈 …… 2장
볶은 검은깨 …… 적당량

조리법

1. 군고구마는 껍질을 벗겨서 으깬 뒤 녹말을 넣고 잘 섞고 8등분해 동글납작하게 빚는다.
2. 달궈진 팬에 올리브유를 두르고 **1**을 올려 중간 불로 익힌다. 뒤집어가며 양면을 노릇노릇하게 굽는다.
3. 치즈를 4등분해 군고구마마다 한 조각씩 올리고 검은깨를 뿌려준다.

만들어봤어요!

"딸아이가 곧 사춘기에 들어서는데, 가끔 어리광을 부리면 이것을 함께 먹으면서 이야기를 나눠요. 출출한 배도 채우고 기분도 좋아져서 추천하고 싶군요. 저도 딸도 변비에 잘 걸렸었는데, 요즘은 장이 좋아져 변비에 걸리지도 않아요!" (12세 딸을 둔 엄마)

홍차에 살짝 끓인 프룬으로 미네랄을 보충하자

프룬을 넣은 홍차 요구르트

재료(만들기 쉬운 분량)

프룬(마른 서양자두) …… 100g
홍차 티백(카페인이 없는 제품) …… 1개
물 …… 1/2컵
플레인 요구르트 …… 80g

조리법

1 냄비에 물, 홍차 티백과 프룬을 넣고 끓인다. 끓기 시작하면 불을 줄여서 2~3분간 더 끓인 뒤에 티백을 꺼내고 그대로 식힌다.

2 그릇에 플레인 요구르트를 담고 **1**의 프룬을 넣는다.

유아기의 간식은 어떤 것이 좋을까?

세끼 식사로는 모자란 영양을 하루에 1~2회의 간식으로 보충해주자. 이때 식사에 영향이 미치지 않도록 시간과 양을 정하자. 간식으로는 요구르트, 과일, 주먹밥, 찐 감자나 고구마, 참깨나 호두를 넣은 과자, 해조류 전병, 멸치, 단호박이나 감자·고구마를 넣은 찐빵, 채소를 넣은 팬케이크 등이 좋다.

초등학생과 중학생의 간식은 어떤 것이 좋을까?

세끼 식사에서 유제품, 과일 등의 영양이 모자랄 때는 간식으로 이를 보충해주자. 간식이나 야식(밤참)으로 아이스크림이나 스낵 과자를 먹는 어린이가 많은데, 살이 찌거나 아침밥을 거르는 요인이 되니 주의해야 한다. 간식의 양은 식사에 영향을 미치지 않게끔 주자.

규칙 12

활기차게 뛰어놀아도 '생활습관병'에 걸릴 수 있다

'우리 애는 건강하니까 병에 걸릴 리 없다'고 생각하는 것은 위험하다

'우리 아이는 뚱뚱하지도 않고, 학교에서 한 건강검진에서도 문제가 없었다. 게다가 늘 힘차게 뛰어노니까 걱정이 없다'고 생각하는가? 하지만 **지방이나 설탕을 지나치게 많이 섭취하면 비만하지 않아도 질병이 생기고 만다. 실제로 어린이의 생활습관병은 꾸준히 늘고 있다.**

●● 당화혈색소 5.6% 이상(당뇨 요주의)의 비율에 나타난 경향

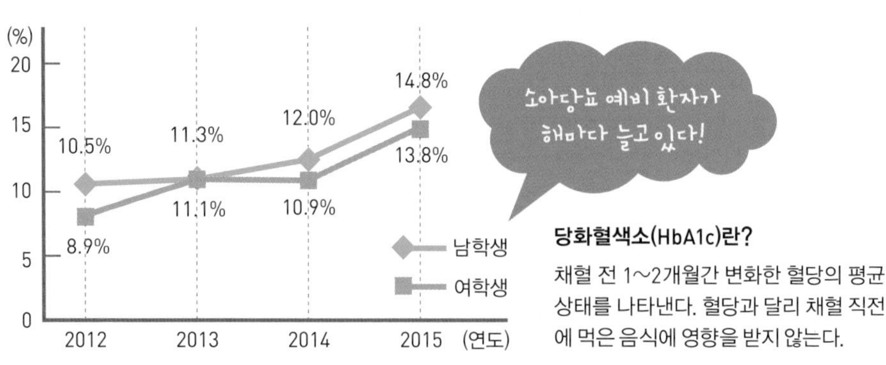

당화혈색소(HbA1c)란?

채혈 전 1~2개월간 변화한 혈당의 평균 상태를 나타낸다. 혈당과 달리 채혈 직전에 먹은 음식에 영향을 받지 않는다.

출처 : 2015년도 가가와현 어린이 생활습관병 예방 검진 결과의 개요, 조사 대상: 초등학교 4학년생

먼저 소아당뇨를 조심해야 한다. 이는 혈액 속에 포도당이 늘어나서 고혈당이 되는 질환이다. 원래 당뇨병에 걸리기 쉬운 체질인데 비만, 운동 부족, 스트레스 등의 요인이 겹쳐지면 증상이 나타난다. 요산치(尿酸値) 이상도 아이들에게서 늘고 있다. 요산은 푸린체(purine bodies)라는 물질이 분해되어 생기는 노폐물로, 보통은 오줌과 함께 배설된다. 그런데 배설이 잘되지 않으면 혈액 중의 요산치가 높아지므로 고요산혈증이 생겨서 통풍이 발작되기도 하고, 증세가 더 심해지면 콩팥 기능에 장애를 일으킨다.

주스나 청량음료에 많이 들어 있는 당분은 섭취할수록 목이 마르고 혈당과 요산의 수치를 올린다(당분을 고르는 요령은 82쪽 참조).

'건강'이라는 재산은 돈이 아니라 식사로 불려야 한다

고혈당이나 요산치 이상, 고혈압, 지질 이상 등의 생활습관병은 평소의 생활습관이 겹겹이 쌓여서 발병한다. 일단 증상이 나타나면 나아지기 어려운 데다 암, 심장병, 뇌졸중으로 발전할 수 있어 주의해야 한다. 이런 이야기를 들으면 무섭다는 생각이 들겠지만, 식단을 바꾸면 더 이상 걱정하지 않아도 된다.

생활습관병을 예방하는 식사는 전혀 어렵지 않다. 이제껏 설명했듯이 **'영양의 균형이 잡힌 식사를 하루에 세 번 하고, 과식하지 않는다'는 규칙만 지키면 된다.**

이 말을 듣고 "그것이 어려워요!"라고 호소하는 사람도 있을 것이다. 그러나 아이에게 주어진 삶은 부모의 남은 삶보다 길다. **건강하면 자기가 좋아하는 직업이나 취미에 도전해 보람찬 인생을 보낼 수 있다. 질 좋은 음식이 아이의 장래를 위한 '저축'이라면 조금 번거롭더라도 먹일 가치가 있지 않을까.** 건강하게 살면 의료비도 절약할 수 있다. 이렇듯 '몸에 이로운 음식'이 아이의 일생을 좌우한다.

규칙
13 혈당이 높으면 '임신 능력'이 약해진다

임신할 수 있는 몸 만들기는 이미 시작되었다

가임여성 중에는 임신하기로 마음을 정한 뒤부터 식습관을 되돌아보고 생활습관을 개선하는 여성들이 많다. 실제로 임신하는 몸을 만드는 일과 튼튼한 아기를 낳고 건강한 엄마가 되는 것은 식사의 영향을 크게 받는다.

여성은 임신과 출산으로 뼈(32쪽 참조)와 저장철(45쪽 참조)의 양이 줄어드는데, 어린 시

●● 혈당의 기준(성인)

정상	공복 시	109mg/dℓ 이하
	식후 2시간	139mg/dℓ 이하
주의 요망	공복 시	110~125mg/dℓ
	식후 2시간	140~200mg/dℓ
진찰 요망	공복 시	126mg/dℓ 이상
	식후 2시간	200mg/dℓ 이상

건강한 사람이라도 혈당은 하루에 70~130mg/dℓ 사이에서 변동하며, 공복 시와 식후 혈당은 차이가 크다.

절이야말로 뼈와 저장철을 비축해야 할 시기다. 임신한 여성의 절반가량이 빈혈을 겪는다고 하며, 칼슘 부족으로 뼈에 구멍이 숭숭 난 나머지 출산을 한 뒤에 허리뼈가 부러지는 여성도 있다. 그렇기에 **여성은 '결혼 후부터'가 아니라 '어린 시절부터' 엄마가 될 준비를 해야 하는 것이다.**

이렇게 말하면 임신과 출산이 남성과는 관계가 없는 일 같지만, 임신에는 정자의 건강 또한 중요하다.

몸을 태우는 현상인 당화 때문에 난소의 기능이 저하한다

최근에 난자의 노화나 불임증이 점점 증가하고 있는데, **불임증의 최대 원인인 배란 장애는 혈당과 관계가 깊다.**

'당화(糖化)'라는 말을 들어보았을 것이다. 양파를 볶으면 갈색으로 변하는 이유는 가열을 함으로써 양파에 들어 있는 당분과 단백질이 결합해 갈색의 물질을 만들어내기 때문이다. 이것이 당화다. 혈당이 계속 높으면 우리 몸속에서도 똑같이 당화가 일어난다.

식후 혈당이 150mg/dℓ 이상이면 혈액 속의 당 때문에 몸 안의 단백질이 당화되어 AGEs(최종 당화 산물)라는 무서운 물질이 만들어진다. **AGEs가 난포액에 고이면 투명한 난포액이 검은빛을 띤 갈색으로 변해 난소 기능이 떨어진다**고 밝혀졌다.

AGEs는 축적되는 특성이 있어서 한 번 생기면 제거되지 않는다. 부모 세대에게도 당화는 피부의 탄력을 떨어뜨리고 얼굴빛을 거무칙칙하게 만들므로 노화의 원흉이기도 하다. 아이를 위해서라도 건강한 부모가 되고 싶다면 노화를 앞당기는 '당을 지나치게 섭취하는 식습관'을 멀리해야 한다.

규칙 14

당질은 원래 나쁘지 않다, '당질 제한'이 오히려 위험하다!

어린이의 당질 제한은 성장 불량으로 가는 지름길이다

'당을 지나치게 많이 섭취하면 당뇨병에 걸리고 노화를 촉진한다'는 이야기를 들으면 걱정이 앞선다. 그래서 **아이의 식단에서 당질(탄수화물)을 줄이는 부모가 많은데, 이는 잘못된 선택이다.** 동양인은 혈당을 낮추는 호르몬인 인슐린의 양이 서양인의 절반 정도밖에 되지 않아서 뚱뚱해지기도 전에 당뇨병에 걸리기 쉽다. 그렇다고 하더라도 밥이나 빵, 국수 등의 탄수화물 식품을 먹지 않는 것은 좋다고 말할 수가 없다.

●● 당분을 고르는 요령

✕	포도당 과당 액당	당뇨병이나 당화(81쪽 참조)의 위험이 있으므로 절대 섭취하지 않는다.
△	인공감미료(아스파탐, 스테비아 등)	비만이나 당뇨병에 걸릴 위험성이 있으니 섭취를 최소한으로 줄인다.
△	백설탕, 결정 크기가 작은 싸라기설탕, 삼온당*	GI(식후에 혈당을 올리는 속도) 지수가 높은 식재료이므로 되도록 적게 먹는다.
○	흑설탕, 비정제 설탕, 화삼분**, 올리고당, 벌꿀, 메이플 시럽***, 아가베 시럽****	혈당을 천천히 올리고 영양가도 높아서 설탕의 대용품으로 안성맞춤이다.

* 백설탕을 3번이나 가열해 색깔이 누렇거나 검은 것
** 흑설탕의 맛을 순하게 가공한 것
*** 단풍 당밀
**** 용설란에서 추출한 수액으로 만든 것

탄수화물에 함유된 물질은 주로 당질과 식이섬유다. 당질은 포도당으로 분해되어 온몸의 세포에서 에너지로 쓰인다. 다시 말해, **포도당은 우리가 살아가는 데 꼭 필요한 물질이다. 만약 성장기 어린이가 당질을 먹지 않는다면 에너지가 부족해질 것이 뻔하다.**

에너지가 부족해지면 어떻게 될까? 우리 몸은 에너지가 부족하면 근육과 뼈의 발달에 쓰여야 할 단백질을 분해해 에너지로 쓰기 때문에 극단적으로 당질의 섭취량을 줄이면 성장 불량이 될 수 있다.

또한 탄수화물은 식이섬유의 공급원도 된다. 장내 세균은 우리가 소화·흡수하고 '남긴 물질'을 먹고 산다. **탄수화물 가운데서 소화되기 어려운 난소화성 전분이나 식이섬유는 장내 세균(50쪽 참조)의 먹이이며, 유익균을 늘리는 필수 식품이다.**

중요한 점은 설탕 제한이다! 주식으로는 GI가 낮은 식품을 먹자!

탄수화물이 나쁘다는 것이 아니다. 진짜 문제는 과자나 주스 등으로 설탕이나 인공감미료를 너무 많이 섭취하면서 생긴다. 중요한 것은 당질 제한이 아니라 '설탕 제한'인 것이다. **그러니 주식의 섭취는 너무 쉽게 제한해 버리지 말고, 선택 요령과 섭취법을 자세히 알아보는 것이 좋다.** 혈당의 급상승을 막으려면 주식으로 정제된 흰색 주식(흰밥·국수·식빵)이 아니라 **GI 지수가 낮은 정제되지 않은 갈색 주식(현미·잡곡·밀의 배아를 넣은 빵, 메밀국수, 전립분 파스타)을 먹어야 한다.** 또 식이섬유는 당질을 천천히 흡수시키므로 반찬으로 채소, 버섯, 해조류 등을 함께 먹는 것도 좋다.

●● GI 지수가 낮은 밥

발아현미

잡곡

금아미*

GI 지수가 낮은 이 곡물들이 정제된 쌀보다 식이섬유와 미네랄·비타민이 더 풍부하다.

* 쌀눈에서 영양분이 가장 많은 배반(금아)을 남기고 도정한 쌀

규칙 15

몸에 '좋은 기름'을 골라 먹이자

트랜스지방산, 고기류의 비계, 유지방에 주의하자!

우리는 평소에 기름(지방)을 얼마나 섭취할까? 식물성 기름은 참기름이나 올리브유 등의 종류와 관계없이 전부 지방 100%다. 마가린과 버터는 약 80%, 마요네즈는 약 75%가 지방이다. 유제품은 생크림이나 크림치즈에 지방이 많고, 고기류는 비계와 껍질에 지방이 듬뿍 들어 있다.

지방을 구성하는 지방산에는 다양한 종류가 있으며, 그중에는 우리 몸에 나쁘게 작

●● **건강에 좋은 기름과 건강에 나쁜 기름**

✕	마가린, 쇼트닝, 마요네즈, 팻 스프레드(빵에 발라 먹는 기름)	트랜스지방산을 지나치게 섭취할 수 있으니 먹지 않는다. 트랜스지방산이 들어 있지 않은 것은 괜찮다.
△	햄, 생크림, 크림치즈	혈액을 걸쭉하게 만드는 포화지방산이 많으므로 피하는 것이 좋다.
△	시중에서 파는 튀김류	튀긴 뒤에 시간이 지나면 기름이 산화한다. 튀기는 것보다 구워 먹는 것이 좋다.
○	가열하는 요리에 쓰인 올리브유	몸에 좋은 오메가-3 지방산이 풍부하다.
○	가열하지 않는 요리에 쓰인 아마기름, 들기름	몸에 좋은 오메가-3 지방산이 풍부하다.

용하는 것도 있다. **가장 조심해야 할 것은 트랜스지방산이다.** 트랜스지방산은 불포화지방산을 함유한 식물성 기름의 보존성을 높이기 위해 일부를 포화지방산으로 만드는 과정에서 생겨나며, **마가린과 쇼트닝 같은 가공 유지나 이것으로 구운 과자 등에 잔뜩 포함되어 있다. 건강에 해롭다는 LDL(저밀도 지방단백질) 콜레스테롤을 늘리는 작용을 하기 때문에** 많은 양을 지속적으로 섭취하면 동맥경화나 배란장애 등이 생길 위험성이 높아진다. **고기류의 비계와 버터 같은 유지방에 많은 포화지방산도 지나치게 섭취하면 비만이나 생활습관병의 원인이 된다.**

구운 돼지고기나 튀긴 닭고기, 드레싱을 넉넉히 뿌린 샐러드, 스낵 과자, 생크림 케이크 등을 간식으로 자주 먹으면 지방 섭취량이 너무 많아진다. 그러니 집에서 만드는 튀김은 주 3회 이하로 줄이고, 시중에서 파는 튀김이나 스낵 과자는 산화된 기름이 많이 함유되어 있으니 먹이지 않는 것이 좋다.

뇌와 몸에 좋은 기름은 '오메가-3 지방산'이다

일부 식물성 기름과 생선류, 견과류에 함유된 불포화지방산 가운데는 우리 몸에 이롭게 작용하는 것이 있다. 바로 **오메가-3 지방산이다. 이는 성장기 어린이의 시력 발달과 뇌 발달, 뼈의 발육을 촉진하며, 알레르기를 억제하는 기능도 한다.** 감정의 기복을 완화하고 중성지방을 분해하는 작용을 한다는 점에서 엄마의 불안증이나 아빠의 대사증후군에 대처할 수단도 된다.

오메가-3 지방산은 우리 몸에서 합성되지 않는 필수지방산이므로 식사를 통해 의식적으로 섭취하도록 애쓰자. **생선류에 많이 함유된 DHA와 EPA는 물론이고, 아마기름·들기름, 호두 등의 견과류에 함유된 알파리놀렌산도 오메가-3 지방산이다.** 아마기름이나 들기름은 산화하기 쉬우니 가열하지 말고 샐러드나 스무디에 뿌려 먹는 것이 좋다.

유아는 견과류 알레르기를 조심해야 해요!

견과류는 영양가가 높으나, 유아기에 알레르기를 일으킬 수 있는 식품이다. 왜냐하면 종자 속 저장 단백질에 알레르기를 심하게 일으키는 성질이 있기 때문이다. 구우면 그 성질이 더욱 강해진다. 그러니 견과류를 처음 먹일 때는 조금씩 주자.

규칙 16

건강하게 키우려면 '전통식'을 해먹이자

몸에 좋은 기름과 다양한 영양소를 섭취할 수 있는 전통식

밥, 빵, 국수 가운데 무엇을 주식으로 하면 몸에 좋은 기름을 아이에게 먹일 수 있을까?

바로 밥이다! **주식인 밥에 국 1가지와 반찬 3가지를 더한 전통식은 생선류의 DHA나 콩**

●● 밥을 주식으로 하고 국 1가지와 반찬 3가지를 추가한 전통식

'국 1가지와 반찬 3가지'라고 하면 대단해 보이지만, 송송 썬 채소나 마른 식품을 넣은 된장국도 괜찮은 요리다. 조리법이 간단한 음식으로 영양소를 늘리자.

의 레시틴과 같이 뇌에 좋은 기름은 물론, 채소·해조류·버섯·감자·고구마 등 다양한 식품에 함유된 영양소를 골고루 섭취할 수 있다. 특히 생청국장(낫토)·된장 등의 발효식품을 섭취할 수 있어서 장내 세균이 서식하는 환경도 자연히 좋아진다.

하지만 **빵을 주식으로 하면 반드시 마가린이나 마요네즈를 먹게 되므로 비만의 원인이 되는 기름을 스스로 선택한 셈이 되고 만다.** 그리고 밀(빵·국수·파스타 등)이 주식이면 탄수화물에 치우치기 쉽고, 여러 가지 영양소를 고르게 섭취할 수 없다.

"전통식이 정말 건강에 좋은가요?"라고 묻는다면 "건강해지고 싶다면 전통식을 드세요!"라고 말해주고 싶다. 적어도 하루에 한 끼, 될 수 있으면 하루에 두 끼는 밥을 주식으로 하는 전통식을 먹는 것이 건강에 이상적인 식사다.

'감칠맛'에 보상회로를 길들이면 살이 찌지 않는다

미각의 보상회로(뇌 속 호르몬이 분비되어 쾌감을 얻는 회로)를 활성화하는 요소로는 설탕, 기름, 감칠맛이 있는데 이 맛들은 뇌가 '더 먹고 싶다!'고 느끼기 때문에 계속 찾게 된다. 특히 설탕과 기름은 귀중한 에너지원이지만 보상회로를 지나치게 자극하기 때문에 끊지 못하면 비만해지거나 생활습관병에 걸리고 만다.

그런데 전통식에는 '제3의 보상회로 활성 요소'로 불리는 감칠맛이 있다. 감칠맛을 내는 대표적인 음식은 멸치 맛국물이나 다시마 맛국물로 만든 음식이다. 이 **맛국물에는 필수아미노산(26쪽 참조)이 풍부하게 들어 있다. 게다가 살이 찌게 하지도 않는다. 그래서 어릴 적부터 "맛국물이 맛있어!"라고 느낄 수 있는 혀, 즉 보상회로를 자극하는 미각을 길러주는 것이 중요하다.**

어른들 중에는 피곤하거나 스트레스가 쌓였을 때 본능적으로 디저트 뷔페로 달려가는 사람이 있는가 하면 치킨을 뜯는 사람도 있다. 어떤 사람들은 맛있는 된장국을 먹고 안도의 한숨을 내쉬며 피로를 푼다. 이 중에서 된장국을 먹는 사람이 가장 건강하다. 이런 미각은 어릴 적 부모가 길들여준 식습관의 영향이 크다.

감칠맛이 듬뿍 나는 '맛국물'로 된장국을 만들자

조리가 간단하고 영양도 풍부하다 멸치 맛국물

마른 멸치는 DHA와 칼슘, 비타민D를 많이 함유한, 영양가가 풍부한 식재료다. 맛국물로도 영양을 섭취할 수 있으니 잘 활용하자. 대가리와 내장을 떼어내고 국물을 우리면 멸치 특유의 비릿하고 쓴 냄새를 싫어하는 사람도 먹을 수 있다. 멸치를 다듬는 일은 아이에게 시켜보자! 잘 우러난 멸치 맛국물에 감자, 단호박, 돼지고기, 유부 등을 넣고 끓인 된장국은 정말로 맛있다.

멸치 맛국물 우려내는 법

재료(4인분)

마른 멸치(대가리와 내장을 제거한 것) …… 10g
물 …… 3.5컵

조리법

1 **한 번 끓인 뒤에 식힌다 :** 냄비에 물을 붓고 멸치를 넣은 뒤에 가열하다가 끓어오르면 불을 끄고 식힌다. 한 번 끓이면 맛국물이 훨씬 빨리 우러나온다.

2 **우린 멸치는 그대로 먹는다 :** 국물을 우린 뒤에 젓가락으로 멸치를 건져내도 좋지만, 그대로 먹으면 칼슘을 통째로 섭취할 수 있다.

완성이요!

무 유부 된장국

재료(4인분)

무 …… 150g
유부 …… 1장
멸치 맛국물 …… 1회분
된장 …… 2큰술보다 조금 적게
간장 …… 약간(선택 재료)

조리법

1 무와 유부는 먹기 좋은 크기의 직사각형으로 썬다.

2 멸치 맛국물을 담은 냄비에 **1**을 넣고 중간 불로 가열하다가 끓기 시작하면 약한 불로 줄여 10~15분간 더 끓인다.

3 된장을 풀어서 넣고, 된장을 더 넣거나 간장을 넣어 간을 맞춘다.

멸치 손질 및 보관법

대가리와 내장을 떼어낸다

멸치의 대가리와 내장(검은 부분)은 고약한 냄새나 쓴맛이 나므로 제거한다. 큰 것은 등뼈를 따라서 가르면 감칠맛이 더 잘 우러난다.

병에 넣어서 냉장 보관한다

멸치는 상온에 두면 산화하기 쉬우므로 병이나 밀폐 용기에 넣어서 냉장 보관한다.

2가지 재료의 배합으로 감칠맛이 더 진하다

다시마 + 가다랑어포 맛국물

가다랑어포를 우린 맛국물은 필수아미노산과 필수지방산이 풍부해 혈류를 원활하게 하고 피로 회복에 도움이 된다. 다시마의 글루탐산에 가다랑어포의 이노신산을 더하면 감칠맛이 증가한다. 그러나 다시마에는 아이오딘(요오드)이 매우 많이 들어 있어 과다 섭취하면 좋지 않으니 다시마를 더하는 것은 주 1회 정도로 조절하자.

다시마+가다랑어포 맛국물 우리는 법

재료(4인분)

다시마 …… 10cm 1장
가다랑어포 맛국물 팩 …… 1개
물 …… 3.5컵

조리법

1 다시마 맛국물을 우려낸다 : 냄비에 물을 붓고 다시마를 넣은 뒤에 약한 불로 가열하다가 끓어오르기 직전에 불을 끄고 10분 후에 다시마를 건져낸다. 다시마는 물에 오래 담가두지 않고 한 번 데우기만 해도 맛국물이 쉽게 우러난다.

2 가다랑어포 맛국물을 우려낸다 : 다시 불을 켜서 국물을 끓인다. 가다랑어포 맛국물 팩을 넣고 약한 불로 2~3분간 끓인 뒤에 불을 끄고 맛국물 팩을 건져낸다.

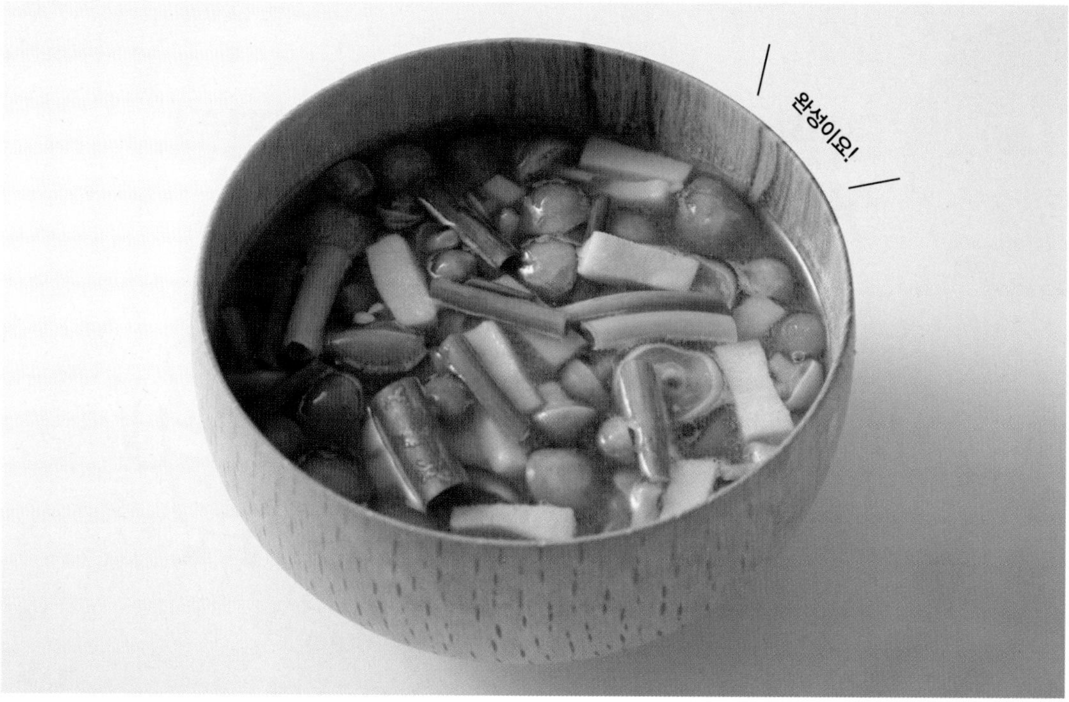

맛버섯 언두부 된장국

재료(4인분)

맛버섯 …… 1봉지
언두부(가늘고 길게 자른 것) …… 1/4컵
다시마+가다랑어포 맛국물 …… 1회분
된장 …… 2큰술 조금 안 되게
쪽파 …… 3뿌리
간장 …… 약간(선택 재료)

조리법

1 냄비에 다시마+가다랑어포 맛국물, 맛버섯, 언두부, 된장을 넣고 끓인다.

2 한 번 끓어오르면 쪽파를 3cm 길이로 썰어서 넣는다. 된장을 풀고 된장이나 간장으로 간을 맞춘다.

다시마 손질 및 보관법

쓰기 좋은 길이로 잘라서 상온에 보관한다

10cm 길이(1회분)로 잘라놓으면 쓰기에 편하다. 밀폐 용기에 넣어서 상온에 보관해도 좋다.

맛국물 팩*을 만들어둔다

시중에서 판매하는 부직포로 만든 맛국물용 팩에 가다랑어포 조각 10g을 넣는다. 지퍼팩에 넣어서 냉장 보관한다.

* 맛국물 팩을 구입할 땐 원재료를 꼭 확인하자. 시판 중인 맛국물 팩의 재료는 가다랑어, 고등어, 정어리, 날치 등 종류가 다양하며 다시마 가루가 들어 있는 것도 있다. 원재료 표시를 꼼꼼하게 살피고 화학조미료나 염분이 들어 있지 않은 제품을 선택하자.

규칙 17

라면 한 그릇에는 하루 권장량 이상의 '염분'이 들어 있다

맛국물로 감칠맛을 내는 전통식이 염분을 줄이는 지름길이다

앞서 아이들이 지방과 설탕을 너무 많이 먹는다고 지적했지만, **염분 또한 큰 문제를 일으키는 성분이다.**

소금에 들어 있는 나트륨은 칼륨과 함께 우리 몸의 수분과 미네랄의 균형을 조절한다. 평소에 염분이 부족할 일은 거의 없지만, 신경을 덜 쓰면 과다 섭취할 수 있다. 나트륨은 콩팥을 거쳐서 오줌으로 배출되는데, 콩팥 기능이 미숙한 8세 미만 아이들은 배설이 원활하지 않으니 염분의 섭취량에 주의해야 한다.

2세까지는 음식에 간을 하지 않아야 하며, 2세 이후에도 유아식에는 성인 염분 권장량의 절반만 넣자. 성인의 하루 염분 권장량은 남성 8g 미만, 여성 7g 미만이다.

●● 칼륨이 풍부한 식품(100g 중 함유량)

풋콩 … 590mg
고구마(껍질 포함) … 380mg
바나나 … 360mg
멜론(온실 재배) … 340mg
마른 미역 … 260mg

생청국장(낫토) … 660mg

생시금치 … 690mg

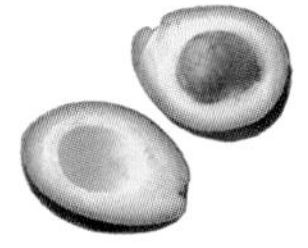
아보카도 … 720mg

아이들은 보통 국수, 라면, 빵과 같은 밀가루 식품을 좋아하는데 국수, 라면, 빵은 물론 국수 국물과 빵에 바르는 버터에도 염분이 들어 있다. 따라서 지금처럼 계속 먹다가는 염분의 과다 섭취에 빠지고 만다. 라면 국물에 밥을 말아먹는 어른들이 많은데, 라면 한 그릇을 국물까지 다 먹으면 1일 섭취량 이상의 염분을 섭취하게 된다.

염분 섭취를 줄이는 가장 좋은 방법은 집에서 밥을 주식으로 한 전통식을 먹는 것이다. 집에서 음식을 만들면 소금·간장·된장 등 양념의 양을 조절할 수 있어 염분 섭취량을 줄일 수 있다. 음식이 싱거울 땐 맛국물의 감칠맛과 레몬·식초 등의 신맛을 잘 살리면 맛을 보완할 수 있다. 요리를 만들 때 소금을 조금 많이 넣었다면 채소, 과일, 감자·고구마, 콩, 해조류 등을 식단에 추가하자. 이러한 식품들에는 염분을 몸밖으로 배출하는 칼륨이 많이 들어 있다.

사 먹는 음식이나 가공식품에는 염분이 너무 많으므로 과식에 주의하자

머리로는 손수 만든 음식이 좋다는 사실을 알지만 직장을 비롯해 여러 가지 이유 때문에 조리할 시간이 없거나, 요리 솜씨가 서투르거나, 아이가 좋아한다는 이유로 외식하고 가공식품을 사는 경우가 늘어난다. 그렇더라도 **사 먹는 음식과 가공식품에는 보존성을 높이고자 많은 염분을 쓴다는 사실을 알아야 한다.** 그러니 가공식품을 고를 때는 반드시 염분량을 확인하자. 국물을 남기고, 샐러드나 튀김을 먹을 때 소스와 간장을 너무 많이 쓰지 않는 것도 염분 섭취량을 줄이는 방법이다.

가족의 건강은 염분 섭취를 줄이는 식생활로도 지킬 수 있다. 특히 어른들은 부종이나 고혈압, 동맥경화 등을 예방할 수 있다.

●● 나트륨의 소금 환산 공식

나트륨(mg) × 2.54 ÷ 1000 = 소금 상당량(g)

- '나트륨 600mg'으로 표시되어 있을 때 : 600×2.54÷1000 = 소금 약 1.5(g)
- '나트륨 2.3g'으로 표시되어 있을 때 : 2300×2.54÷1000 = 소금 약 5.8(g)

식품의 '영양 정보' 칸에는 '소금 함유량' 또는 '나트륨' 표시가 있다. 나트륨 표시만 있으면 소금으로 환산함으로써 '소금 함유량'을 알 수 있다.

규칙 18

영양이 풍부한 '토핑거리'는 쟁여두고 언제든 쓰자

영양이 좋은 식품은 빠짐없이 쟁여두자

회사를 다니거나 어린아이가 있으면 바빠서 장보러 갈 틈이 없다. 이럴 때 영양 공급에 도움되는 것이 마른 식품과 통조림이다. 96~97쪽에 나열된 식품들은 수수하고 돋보이지 않기에 장을 보러 가더라도 그냥 지나치기가 쉽다. 하지만 이 재료들은 **필수 아미노산, DHA와 같은 필수지방산, 철분·칼슘 등의 미네랄이 충분히 함유된 좋은 식품이다.** 오래 보존할 수 있으므로 언제라도 쓸 수 있게 비축해주자.

세끼 식사와 간식에 영양을 보태자

영양을 손쉽게 강화할 수 있는 식자재는 부엌 한켠에 늘 놓아두면, 유통 기한을 넘기지 않고 잘 쓸 수 있다.

가다랑어포, 김, 마른 뱅어, 벚꽃새우, 참깨 등은 두부에 고명으로 얹어서 먹이자. 또한 무침이나 국물 요리, 주먹밥, 볶음밥, 볶음면에 넣어도 영양을 보충할 수 있다. 통조림 참치, 혼합 콩, 견과류는 채소 샐러드의 영양가를 높일 수 있고, 프룬(마른 서양자두)과 견과류는 간식으로 먹게 해도 좋다. 자른 미역과 언두부는 된장국의 건더기가 적을 때 그대로 국에 넣으면 된장국이 훨씬 풍성해진다. 이때 언두부는 아이가 먹기에 좋은 크기로 가늘게 또는 얇게 채 써는 것이 좋다.

무말랭이는 조리는 데 시간이 걸려서 귀찮다고 생각하기 쉬운데, 살짝 물에 불려서 잘게 자르면 생무와 똑같이 쓸 수 있다. 샐러드 혹은 무침을 만들거나, 달걀말이에 섞거나, 된장국에 넣으면 씹는 재미도 있고 맛나다.

식품을 햇볕에 말리거나 얼린 효과는 매우 뛰어나다. **언두부는 두부의 영양이 단단히 응축되어 철분·칼슘·단백질·식이섬유의 함량이 다른 식품보다 훨씬 많고, 무는 말리면 원래 있던 칼륨, 칼슘, 철분 등의 영양소가 더 늘어난다.** 그리고 감칠맛이 풍부해서 양념을 덜 쓰게 되므로 염분을 줄이는 효과도 있다. 아이와 함께 하나하나 체험해 보자.

영양이 풍부한 '토핑거리'를 쟁여두자

마른 식품과 통조림 식품은 영양가가 높고 오래 보존할 수 있어 비축해두기에 좋다. 요리할 시간이 없을 때도 영양을 보강하는 음식을 만드는 데 요긴하게 쓰인다.

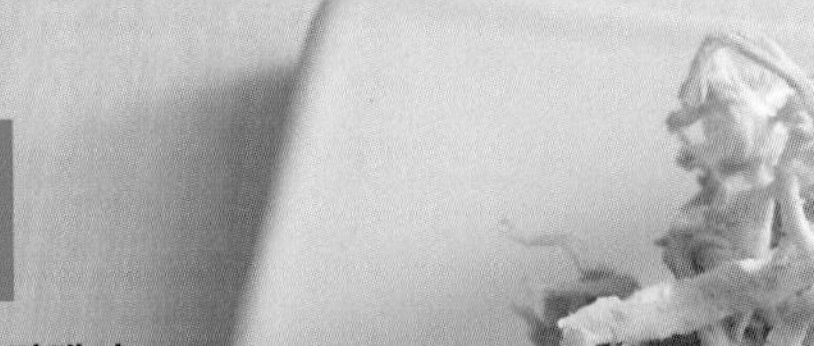

1

무말랭이

무를 햇볕에 말려서 미네랄, 식이섬유가 생무보다 더 많이 응축되어 있다.

2

언두부

저지방 식품으로 단백질, 칼슘, 철분 등 영양이 풍부하다.

3

프룬(마른 서양자두)

몸속의 남아도는 염분을 배출하는 칼륨, 빈혈을 예방하는 철분이 많이 들어 있다.

4

견과류

뇌와 몸에 좋은 불포화지방산과 노화를 방지하는 항산화 성분이 들어 있다. 그러나 너무 많이 먹지 않도록 주의하자.

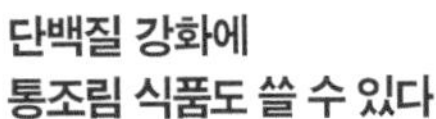

단백질 강화에 통조림 식품도 쓸 수 있다

참치 : 질이 좋은 단백질과 DHA를 섭취할 수 있다.

혼합 콩 : 콩에는 칼륨이 풍부하고, 비타민B군도 함유되어 있다.

비축을 권장하는 식품 10가지

밥, 된장국, 달걀말이, 무침 등 매일 먹는 음식에 토핑할 수 있도록 준비해두자.

보관법

마른 뱅어를 제외한 나머지 식품은 상온에서 보관할 수 있다. 마른 뱅어는 반쯤 건조된 것이므로 냉장 또는 냉동 보관한다.

5

벚꽃새우

칼슘이 듬뿍 들어 있다. 더 작은 새우도 좋다.

6

마른 뱅어

머리부터 꼬리까지 먹어서 칼슘과 비타민D를 보충하자.

7

가다랑어포

DHA의 공급원이다. 아미노산이 넉넉히 들어 있어서 불안감 해소에 도움이 된다.

8

참깨

필수지방산과 항산화 성분이 풍부해 면역력을 높인다.

9

자른 미역

장에 좋은 식이섬유와 철분, 칼슘이 들어 있다. 마른 미역이 쓰기에 편하다.

10

김

미네랄의 보고다. 김 맛을 잘 살리면 반찬의 염분도 줄일 수 있다.

영양 보강 달걀말이

재료(4회분)

무말랭이 …… 30g
물 …… 1/2컵
간장 …… 1큰술
녹말, 물 …… 1큰술씩
달걀 …… 4개
A ┌ 마른 뱅어 …… 3~4큰술
│ 생강즙 …… 1작은술
└ 송송 썬 쪽파 …… 1/2단
참기름 …… 2큰술

조리법

1 무말랭이는 물에 담가서 비벼 씻은 뒤에 소쿠리에 담아 물기를 빼고 잘게 썬다.

2 잘게 썬 무말랭이는 뜨거운 물에 불리거나 내열 용기에 **1**의 무말랭이와 물을 넣고 랩을 씌워서 전자레인지(600W)에 4분 정도 돌린 후 간장을 섞는다.

3 볼에 녹말과 물을 1:1로 넣고 풀어준 뒤에 달걀, **2**, **A**를 더해 잘 섞는다.

4 지름 20cm 정도의 팬에 참기름을 두르고 중간 불로 달군 뒤 **3**을 부어 굽는다. 반쯤 익으면 뚜껑을 닫고 불을 줄여서 뒤집어가며 노릇노릇하게 굽는다.

영양 보강 삼각김밥

재료(작은 것 4개분)

따뜻한 밥 …… 350g
소금 …… 1/4작은술
A ┌ 벚꽃새우, 마른 뱅어 …… 1큰술씩
│ 볶은 참깨 …… 1큰술
└ 가다랑어포 …… 1봉지(2.9g)
김 …… 적당량

조리법

1 밥에 소금과 **A**를 넣고 섞는다.
2 **1**을 4덩이로 나눠 각각을 랩에 싸서 삼각형으로 뭉친 뒤 랩을 벗긴다.
3 김을 잘라 각각의 삼각김밥을 싼다.

규칙

19

성장기에는 '다이어트'가 위험하다

성장기에 다이어트를 하면 건강이 점점 나빠진다

대부분의 중고등학교 여학생들이 살을 빼고 싶어하고, 그 가운데 반수는 실제로 다이어트를 경험했다고 한다. **자녀가 날씬하게 자라기를 원하는 부모도 늘어나고 있다. 그러나 한참 성장하는 시기에 주위의 아이와 내 아이를 비교하거나 연예인을 롤모델 삼아 다이어트를 심하게 시키는 건 위험하다. 가장 좋은 방법은 성장곡선(128~132쪽 참조)을 확인해 적정 범위 내에서 체중을 조절하는 것이 아이의 성장을 돕고 건강도 유지하는 방법이다.**

살을 뺀다는 이유로 식사를 비스킷 2개로 대신하는 여학생도 있는데, 가뜩이나 식사량이 적은 상황에서 과자만 먹는다면 영양결핍에 빠져 몸 상태가 나빠질 것이 뻔하다. 실제로 **다이어트를 심하게 해서 뼈 밀도가 낮아지거나 월경불순 또는 빈혈이 생기는 경우도 많다.** 빈혈이 심하면 식욕이 없어져서 적은 양의 식사로도 만족하게 된다. 하지만 어지럼증이나 피로와 같은 빈혈 증상

이 심해지고, 호르몬의 균형이 깨져서 기초대사량마저 줄어들고 만다. 우리 몸은 본능적으로 생명을 보존하려고 적은 영양이라도 지방으로 저장한다. 그 영향으로 빈혈기가 있는 여성은 겉보기에는 빼빼 말랐는데 체지방은 의외로 높은 특징을 보인다.

식사는 다이어트의 적이 아니다

예뻐지고 날씬해지고 싶다면 음식으로 영양을 섭취해야 한다. 식사가 다이어트의 적이 아니기 때문이다. **음식을 먹지 않고 다이어트를 하면 뼈(32쪽 참조), 근육, 체온, 기초대사량, 호르몬의 균형, 머리털의 윤기, 피부의 탄력, 난소의 기능까지 모두 쇠퇴해버린다.** 식사는 아이를 생기 넘치게 만드니 '음식을 먹지 않으면 건강도 아름다움도 잃는다'는 사실을 부모가 아이에게 가르쳐야 한다.

아이가 살이 찐 것 같아서 신경이 쓰인다면 먹는 양을 줄일 것이 아니라, 음식을 바꾸거나 운동을 해서 몸무게를 줄이는 것이 좋다. 그러니 **'열량이나 당질을 어떻게 줄일까?'보다 이제부터는 '어떻게 영양을 섭취하게 해줄까?'를 궁리하는 자세로 전환하자.** 그러는 편이 아이의 건강에도 부모의 노화 방지에도 좋다.

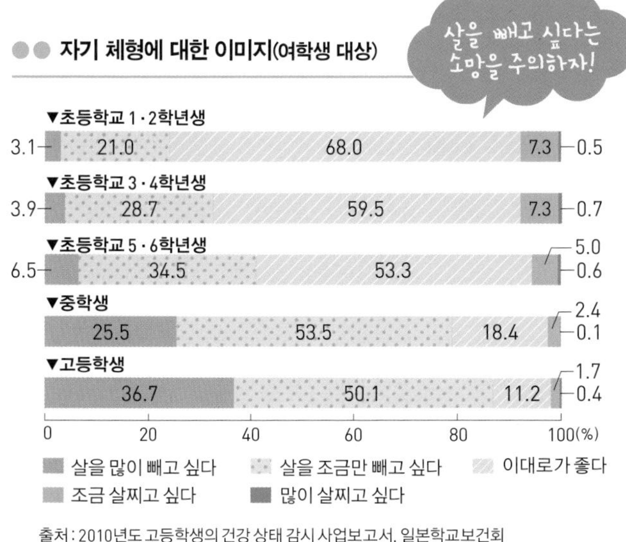

출처 : 2010년도 고등학생의 건강 상태 감시 사업보고서, 일본학교보건회

사춘기 여윔증이란 무엇일까?

신경성 식욕부진증이라고도 한다. 사춘기 때 지나치게 다이어트를 하거나, 음식을 먹자마자 토해내는 행동을 되풀이하는 증세다. 신체 발육이 한창인 사춘기에 몸무게가 늘지 않거나 줄어들면 일생의 건강에 크게 영향을 미치므로 조기에 발견해 치료해야 한다.

나른함, 초조함의 원인은 '자율신경'에 있다

자율신경이 잘 작용하지 않으면 몸이 불편해진다

초등학교 고학년 무렵부터 아이들은 '피곤하다', '쉽게 지친다', '머리가 아프다', '초조하다', '집중이 안 된다', '잠이 안 온다', '감기가 자주 든다'와 같은 증상을 겪는다. 마치 사회생활에 지친 중년 같다. 그 배경에는 학교나 학원의 수업, 친구들과의 관계에서 받는 **스트레스, 불규칙한 수면과 식사가 있다. 그런 이유로 자율신경의 작용이 둔해지고 만다.**

요즘의 아이들은 부모의 기대를 한몸에 받으며 옛날보다 바쁘게 시간에 쫓기면서

●● 아이들이 자주 느끼는 증상 10가지 (제공 : 초등학교 교사)

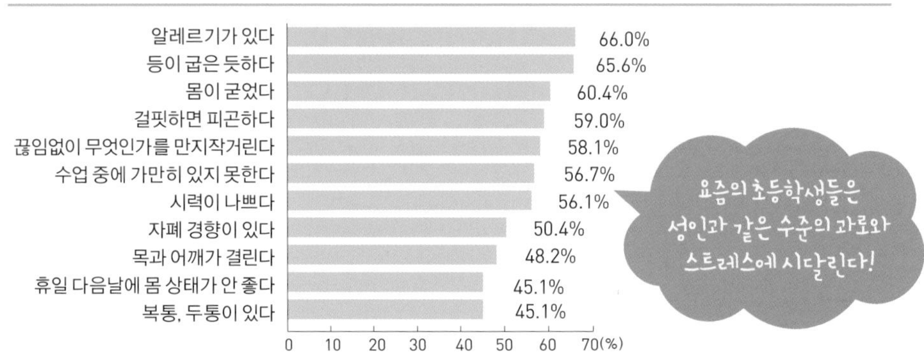

출처 : 《어린이 신체 조사 2015》에 수록된 아동의 '신체 이상'에 관한 보육·교육 현장의 실감

생활한다. 그런데 식사는 이런 생활을 견뎌낼 만큼 잘하고 있을까? 이것이 문제다.

의욕의 원천은 필수아미노산(단백질)이다

먼저 생각해볼 것이, 식사량이 적어서 에너지가 부족해진 적은 없었을까이다. 140쪽에는 1일 섭취 기준량이 나이별로 제시되어 있는데, 실제로 기준량을 먹이고 있는지 점검해 보자. 게다가 **자율신경을 안정시키는 데는 뇌속의 신경전달물질이 충분히 분비되어야 한다.** 즐겁게 지내고 싶으면 세로토닌이, 의욕을 가지려면 도파민이 모자라지 않아야 한다. 낮에 세로토닌이 많이 분비되면 밤에는 수면 호르몬인 멜라토닌의 분비도 촉진된다. 이러한 세로토닌과 도파민을 만드는 재료가 필수아미노산(단백질, 26쪽 참조)이므로 **'식사를 통해 필수아미노산을 얼마만큼 섭취하느냐'에 따라서 의욕과 집중력, 수면의 질이 달라진다.**

자율신경은 교감신경(긴장 시에 작용)과 부교감신경(이완 시에 작용)이 서로 반대되는 기능을 수행한다. 수면 중에는 부교감신경이 우세하게 활동해 혈압과 심장박동, 혈당의 수치를 낮춘다. 요컨대 **자율신경을 안정되게 하는 데는 잠을 잘 자는 것이 중요하다.**

만약 학원 때문에 저녁밥을 밤늦게 먹어야 한다면 저녁 시간에 보조 음식을 먹게 하자. 그리고 늦게 귀가해서는 두부죽, 달걀 수프와 같이 지방이 적고 소화가 잘되는 음식을 먹이자. 속이 편해 잠을 잘 자면 아침밥을 맛있게 먹게 될 것이다.

●● 어떻게 하면 자율신경을 안정시킬 수 있을까?

필수아미노산(단백질)을 섭취한다	자율신경을 조절하는 뇌 속 호르몬의 재료가 필수아미노산이니 고기류, 생선류, 달걀, 유제품, 콩 식품 등에 들어 있는 질 좋은 단백질을 충분히 섭취시킨다.
아침 햇볕을 쐬게 한다	'행복 호르몬'인 세로토닌과 '의욕 호르몬'인 도파민은 아침 햇볕을 쐬면 분비된다. 아침에 일찍 일어나서 햇볕을 쐬는 습관을 들이면 마음이 안정되는 효과가 있다.
밤에는 아늑한 느낌의 조명을 켠다	아침에 세로토닌이 분비되고 나서 14시간 뒤에 수면 호르몬인 멜라토닌이 분비되는데 강한 빛이나 TV, 모니터 등의 화면에서 나오는 청광을 보면 분비가 억제된다. 해가 진 뒤에는 집 안의 조명을 형광등 대신 오렌지 색깔이 나는 전등으로 바꾸자.
리듬감 있는 운동을 한다	걷기나 맨손체조와 같이 리듬이 일정한 운동도 뇌 속 호르몬의 분비를 활발하게 만든다. 매일 10~30분간 규칙적으로 운동을 하게 하자.

규칙 21

아침밥을 거르면 '집중력'이 떨어진다

뇌는 잠자는 동안에도 활동해서 아침이면 에너지가 모자란다

하루 세끼 가운데 우리 몸에 가장 강하게 영향력을 발휘하는 식사는 아침밥이다. 특히 아침에 식사하지 않으면 뇌가 크게 영향을 받는다.

뇌는 잠자는 동안에도 당질에서 흡수된 포도당을 소비하므로 아침에 일어났을 때는 에너지가 부족해져 있다. **그래서 아침밥으로 포도당이 공급되지 않으면 뇌가 저혈당에 빠져 집중력이 떨어지고 쉽게 초조해진다.** 아침밥을 먹으면 수면 중에 낮아졌던 체온이 오르고, 몸이 잠에서 깨어나며, 혈당이 높아져서 뇌의 활동에 필요한 에너지를 확보할 수 있어 마음과 몸이 건강한 하루를 보낼 수 있다.

●● 식사 횟수와 혈당의 변화

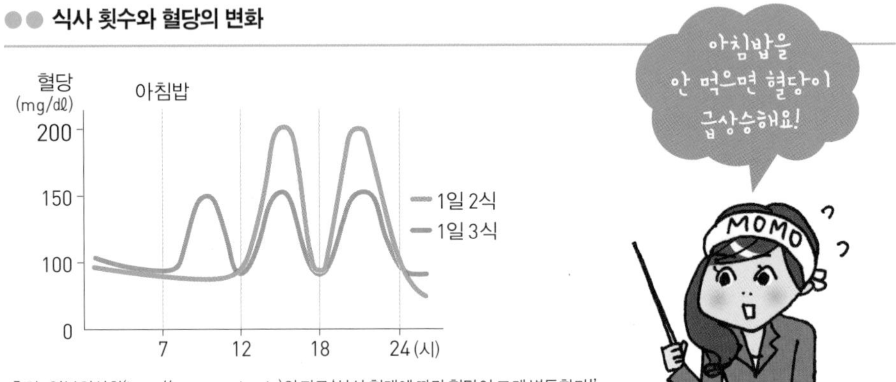

출처 : 일본의사회(http://www.med.or.jp)의 자료 '식사 형태에 따라 혈당이 크게 변동한다!'

하루 세끼를 꼬박꼬박 먹는 것은 혈당을 안정되게 하는 길이기도 하다. 하루에 두 끼만 먹으면 식후에 혈당이 급상승했다가 시간이 지나면 급강하한다. 또한 졸음과 나른함이 몰려오므로 공부의 효율이 떨어져 성적도 오르지 않는다.

아침식사 때에는 반드시 '단백질'을 먹는다

학교와 유치원, 어린이집에서 '일찍 자고 일찍 일어나서 아침밥 먹기'를 강조하기 때문에 어른이야 어찌되었든 아이에게는 아침밥을 먹이려는 가정이 많은 듯하다. 문제는 무엇을 먹이느냐이다.

오전 중의 집중력을 유지하려면 탄수화물(밥이나 빵), 단백질, 비타민·미네랄을 골고루 섭취해야 한다. 특히 **에너지의 대사를 촉진하고, 체온을 올리며, 근육을 만들고, 빈혈을 예방하기 위해 단백질을 꼭 먹여야 한다.** 그리고 어린이는 철분이 결핍되기 쉬운데, 철분이 가장 잘 흡수되는 시간대도 아침이다. 연어는 아침에 먹으면 좋은 단백질이다. 여기에 달걀이나 통조림 참치, 요구르트, 치즈 등 간편한 식품을 더해서 주자.

늦게 자고 늦게 일어나면 아침에 식욕이 나지 않는다. **밤늦게까지 TV를 보다가 배고프다고 밤참을 먹고 늦게 잠자리에 들어서 늦잠까지 자면 식욕이 날 리 없다. 이러한 생활습관은 비만으로 이어지니** 주의해야 한다.

●● 아침에 먹기 좋은 단백질

달걀

통조림 참치

해산물

요구르트

치즈

한 접시
아침 식사
Recipe

아침식사에 '단백질'을 듬뿍 담자

밤 사이에 떨어진 체온을 올려서 집중력을 유지하려면 어떻게든지 아침에 단백질을 섭취하게 해야 한다. 주식이 빵이든 밥이든 달걀, 어패류, 참치 등과 함께 먹으면 바쁜 아침이라도 영양을 골고루 섭취할 수 있다.

주식이 빵이라면

채소를 듬뿍 넣을 수 있고 딱딱한 빵도 부드러워지는 수프

바지락 빵 미네스트로네

재료(4인분)

바게트 또는 전립분 빵 …… 적당량
바지락 …… 1캔(또는 바지락살 130g)
양파 …… 1/2개
당근 …… 1개
감자 …… 1개
양배추 …… 1/4개
방울토마토 …… 5개
브로콜리 …… 80g
물 …… 5컵
소금 …… 1/2작은술
가루 치즈, 굵게 간 후추 …… 적당량(선택 재료)

조리법

1 양파, 당근, 감자, 양배추는 1cm 크기로 네모나게 썬다.

2 냄비에 물을 붓고 가열하면서 **1**을 손질한 순서대로 넣고, 바지락(통조림의 경우 국물도 같이)과 소금을 넣은 뒤에 끓어오르면 약한 불로 20~30분간 더 끓인다.

3 방울토마토는 2등분하고, 브로콜리는 작게 썬다. 빵은 한 입 크기로 자른다.

4 **2**에 **3**을 넣고 2~3분간 더 끓인다. 그릇에 담고, 기호에 따라 가루 치즈나 굵게 간 후추를 치면 더 맛있게 먹을 수 있다.

조리 TIP

미네스트로네(minestrone)는 채소와 파스타 등으로 만든 이탈리아의 전통 수프다. 전날에 2번 조리 과정까지 만들어두면 아침에는 마무리만 하면 된다. 수프가 남으면 두부나 토마토주스를 넣어서 맛에 변화를 줘도 좋다.

주식이 빵이라면

달걀·잔멸치·채소를 얹어 영양을 강화

키슈풍 토스트

재료(4인분)

식빵(2.4cm 두께로 자른 것) …… 2조각

A ┌ 달걀 …… 1개
│ 우유 …… 1/4컵
└ 소금 …… 약간

마른 잔멸치 …… 30g

데친 브로콜리(작게 나눈 것) …… 50g

방울토마토 …… 3개

피자용 치즈 …… 50g

조리법

1 빵은 가장자리 안쪽에 사각으로 살짝 칼집을 낸다. 칼집 안쪽의 빵조각들을 살살 긁어내 움푹 패게 만든다(바닥까지 긁어내지 않는다).

2 **A**는 한데 뒤섞는다.

3 빵의 움푹 팬 자리에 잔멸치, 브로콜리, 반으로 자른 방울토마토를 적당히 올리고 **2**를 부은 뒤에 치즈를 뿌린다. 오븐 토스터에서 8~10분간 굽는다.

조리 TIP

키슈(quiche)는 달걀을 주재료로 한 프랑스의 대표적인 가정 요리로 파이와 비슷하다. 잔멸치 대신 연어 플레이크(데친 연어를 잘게 으깬 후 소금 등을 넣어 볶은 것) 또는 소고기 소보로(48쪽 참조)를 넣어도 좋으며, 채소는 데친 시금치나 아보카도를 넣어도 맛있다.

주식이 밥이라면

집에 있는 채소와 참치로 만든 촉촉한 영양 덮밥

참치 달걀 덮밥

재료(2인분)

따뜻한 밥 …… 2공기(어린이용 밥그릇)
통조림 참치(작은 것) …… 1/2캔(약 40g)
달걀 …… 3개
양파 …… 1/4개
스노피(snow pea, 꼬투리째 먹는 콩) …… 3개

A
- 맛국물 …… 1/2컵
- 간장 …… 2큰술
- 설탕 …… 1작은술
- 맛술 …… 1큰술

베니쇼가* 또는 잘게 부순 김 …… 적당량(선택 재료)

조리법

1 양파는 얇게 채 썬다. 스노피는 껍질의 줄(힘줄 같은 것)을 제거하고 1cm 길이로 썬다.

2 지름 20cm 정도의 팬에 **A**와 양파를 넣고 중간 불로 끓인다. 보글보글 끓어오르면 스노피와 참치(국물까지)를 넣는다.

3 달걀은 대충 풀어서 절반의 양을 **2**에 붓고 뒤섞는다. 남은 달걀물을 붓고 섞지 않은 채 불을 끄고 뚜껑을 덮어 1분간 찐다.

4 그릇에 밥을 담고 **3**을 올린다. 기호에 따라서 베니쇼가 또는 잘게 부순 김을 얹는다.

* 베니쇼가는 생강을 매실 식초에 절인 뒤에 얇게 썬 반찬이다.

달걀은 두 번으로 나누어서 붓는데 걸쭉한 반숙이 되게 해야 한다. 달걀을 불에 잠시만 익히면 되므로 바쁜 날 아침에 만들기 좋은 요리다.

주식이 밥이라면

참치와 달걀로 단백질을 보강한 볶음밥

자투리 채소 볶음밥

재료(2인분)

따뜻한 밥 …… 2공기(어린이용 밥그릇)
채소(당근, 표고버섯, 피망 등) …… 150g
통조림 참치(작은 것) …… 1캔(약 80g)
달걀 …… 2개
가루형 치킨스톡 …… 1작은술
간장 …… 1작은술
올리브유 …… 적당량

조리법

1 채소는 모두 잘게 썬다(푸드 프로세서를 쓰면 편하다).

2 팬에 **1**과 참치(국물까지)를 넣고 중간 불로 볶는다. 채소가 약간 익으면 치킨스톡과 밥을 넣고 계속 볶는다. 다 볶으면 간장으로 간을 맞추고 그릇에 담는다.

3 다른 팬에 올리브유를 두르고 달군 뒤에 달걀프라이를 만들어 **2**에 얹는다.

볶음밥에 넣을 재료로는 벚꽃새우, 마른 뱅어, 참깨, 쪽파도 좋다. 달걀은 프라이할 시간이 없다면 채소를 볶을 때 함께 볶아도 된다.

우리 아이의 아침밥을 공개한다!

다른 아이들은 무엇을 먹을까?

5세와 7세 여아

- 주먹밥
- 강낭콩 깨소금 무침
- 순무 셀러리 수프
- 돼지고기를 넣은 버섯볶음
- 방울토마토
- 옥수수

▶▶ **우노의 한마디**

"아이가 남김없이 먹을 수 있는 양이면서 종류가 많아 좋군요. 색깔도 예뻐서 식욕이 절로 나겠어요."

초등학교 2학년 여학생

- 주먹밥
- 토마토
- 생선구이
- 브로콜리

▶▶ **우노의 한마디**

"접시 하나에 영양소를 많이 담았네요! 유제품 또는 두부를 넣은 된장국 등으로 단백질을 조금 더 보충하세요."

초등학교 2학년 남학생

- 빵
- 단호박 수프
- 베이컨 에그
- 귤, 바나나

▶▶ **우노의 한마디**

"아침에 수프와 과일이 있는 상을 차리다니 정말 대단해요! 저녁에는 전통식으로 생선류, 해조류, 콩식품을 먹이세요."

탄수화물, 단백질, 비타민 · 미네랄이 골고루 함유된 아이들의 아침밥을 소개한다. 그날그날 기분이나 식욕, 기호에 맞춰서 먹이며, 주식으로는 빵, 떡, 주먹밥, 가락국수(우동) 등을 준다.

초등학교 3학년 여학생

- 토스트
- 햄
- 달걀프라이
- 샐러드와 참깨 드레싱
- 귤 주스
- 키위

▶▶ **우노의 한마디**

"호텔식 아침식사네요! 달걀은 참치나 시금치를 섞어서 부치는 식으로 조리하고, 생선과 녹황색 채소를 먹일 궁리도 해보세요."

초등학교 5학년 여학생

- 닭고기와 채소를 넣고 끓인 가락국수
- 단감

▶▶ **우노의 한마디**

"가락국수는 염분이 많으니 칼륨이 풍부한 과일을 함께 먹이면 좋아요. 건더기로 녹황색 채소나 해조류를 넣으면 더욱 좋죠!"

초등학교 6학년 남학생

- 구운 떡
- 달걀말이
- 미역 시금치 당면 수프
- 우유
- 포도

▶▶ **우노의 한마디**

"떡은 콩가루 떡이나 생청국장(낫토) 떡을 먹이면 단백질을 보강할 수 있어요. 그런데 6학년 남학생이 먹는 식사량으로는 조금 모자라는 것 같아요."

규칙 22

빨리 먹는 아이는 '씹는 힘'이 길러지지 않는다

잘 씹는 것은 뇌와 몸이 골고루 발달하게 한다

음식을 먹다가 목에 걸려 일어나는 질식 사고를 예방하려면 잘 씹어 먹어야 한다. **그뿐만 아니라 잘 씹으면 여러모로 건강에 좋은 점들을 만들어낸다.**

우선, 잘 씹으면 침이 많이 분비된다. 그러면 소화·흡수가 원활해져 영양분이 잘 흡수되고, 자연스레 장내 환경이 쾌적해진다. 충분히 씹으면 포만감을 느끼는 중추신경이 자극되어 과식이나 비만을 예방할 수도 있다. 침이 많으면 충치를 예방할 수 있으며, 씹음으로써 턱이 발달하면 치열이 가지런해지는 효과도 기대할 수 있다.

더욱이 눈여겨봐야 할 만한 대목은 뇌에 미치는 영향이 크다는 점이다. **씹는 행위는**

●● 잘 씹어 먹어서 얻는 효과

- **비만이 예방**된다.
- **미각**이 발달한다.
- **발음**이 정확해진다.
- **뇌**가 발달한다.
- **치아** 관련 질병이 예방된다.
- **위**와 **장**의 상태가 편해진다.
- **체력**이 향상된다(전력투구할 수 있다).
- **암**이 예방된다.

일본저작학회가 제안한 '잘 씹어 먹어서 얻는 효과'다. 현미나 나무 열매를 먹던 2000년 전의 사람들은 식사 때 씹는 횟수가 현대인보다 6배 정도나 많았다고 한다.

뇌신경(22쪽 참조)을 자극하여 뇌의 움직임이 활발하게 함으로써 기억력이 좋아지는 등 지능 발달과도 관계가 깊다. 또한 턱의 근육을 쓰게 되어 뇌신경에서 세로토닌과 도파민 등의 호르몬이 많이 분비되는 효과도 기대할 수 있다.

부모가 가르치지 않으면 아이는 '씹는 힘'을 배울 수 없다

씹는 힘은 저절로 키워지지 않으며, 이유식을 먹는 시기부터 연습하지 않으면 길러지지 않는다. 유아기에 유치(젖니)가 모두 나더라도 7세부터 13세 사이에 영구치로 바뀌고 어금니도 난다. 그러므로 이 시기에는 아이의 치아 상태나 먹는 모습을 잘 살펴야 한다. 그리고 음식이 너무 무르거나 단단해서 씹지 않고 그냥 삼키는 일이 없도록 음식의 단단한 정도를 조절해주어야 한다. **부모에게는 참을성이 필요한 일이지만, 어릴 때의 식습관은 어른이 되고도 이어지니 '나쁜 버릇을 고쳐준다'는 생각으로 해보자.**

아이가 마음이 급해서 빨리 먹을 때는 '천천히 잘 씹어 먹도록' 지도하고, 음식을 입에 가득 넣고 씹는 버릇이 있다면 '조금씩 입에 넣도록' 하며, 식사 중에 자꾸 돌아다닌다면 '앉아서 식사하도록' 가르쳐나가자.

씹는 힘을 키우려면 아이가 '스스로 식욕을 느끼게 하는 것'도 중요하다. 가족이나 친구들과 함께 식사하면 잘 못 먹는 음식에 도전하기가 쉽고 천천히 씹게 된다. 잘 씹어 먹으면 칭찬을 해 식욕을 돋워주자.

●● 어린이가 잘 먹지 못하는 식품 5가지

- **1위** 버섯류
- **2위** 잎채소(시금치, 소송채)
- **3위** 살이 단단한 고기류
- **4위** 잔뼈가 많은 생선류
- **5위** 식감이 물컹물컹한 식품(단호박, 고구마)

출처 : 주부의벗사 인터넷 앙케트(응답 수: 4~13세의 아이를 키우는 엄마 244명)

아이들은 버섯류를 가장 먹기 힘들어한다. 그 외에 잘 씹히지 않거나 삼키기가 힘든 식품, 입 속에 오래 남는 식품이 상위를 차지했다. 토마토, 피망, 여주 등 맛이 진한 채소도 아이들은 잘 먹지 못한다.

규칙 23

맛있게 먹으면 '미각'이 발달한다

신맛과 쓴맛은 경험할수록 맛있게 느낀다

혀로 느끼는 맛에는 단맛, 짠맛, 신맛, 쓴맛, 감칠맛이 있다. 사람은 원래 에너지원이 되는 단맛, 단백질(아미노산)을 느끼는 감칠맛, 생명 유지에 중요한 나트륨의 짠맛을 좋아한다.

신맛과 쓴맛은 음식의 비정상적인 상태인 '상했다', '익지 않았다', '독이 있다'를 의미하기도 하며, 인간이 본능적으로 좋아하지 않는 맛이다. 그래서 맛의 경험이 적은

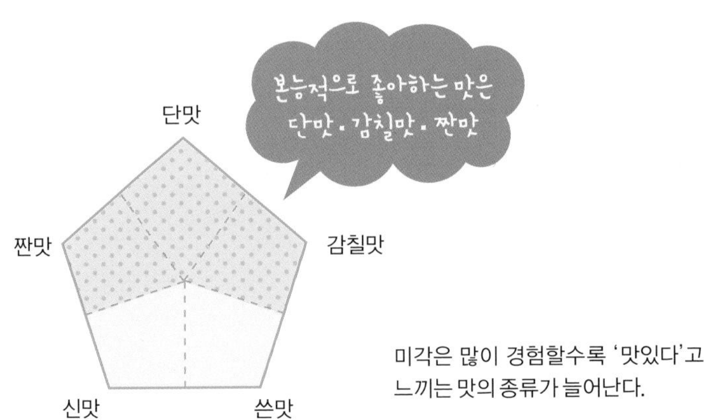

미각은 많이 경험할수록 '맛있다'고 느끼는 맛의 종류가 늘어난다.

아이들은 음식에서 신맛과 쓴맛이 나면 '맛없다', '마음에 들지 않는다'고 생각하기 쉽다. 그렇지만 **다양한 맛을 경험하게 해서 미각의 영역을 넓혀주면 신맛과 쓴맛도 차츰 맛있다고 여기게 된다.**

미각을 기르는 데는 식사 분위기도 중요하다. 맛은 혀로만 느끼지 않는다. 무심결에 집어 먹고 싶어지는 색깔의 조화, 반지르르 윤이 나는 빛깔, 구수한 냄새, 아삭한 식감을 무시할 수 없다. 아이가 평소에 **먹기를 거부하던 맛도 오감이 자극되면 '한번 먹어볼까?', '의외로 맛있다!'는 경험을 할 수 있어서 맛을 느끼는 힘이 길러진다.**

어렸을 때의 식사 유형이 평생의 식습관이 된다

평소 가정의 식탁 풍경은 아이의 식습관에도 큰 영향을 미친다. **매일 비슷한 음식을 먹는 가정에서 자라면 그런 식사가 당연하게 받아들여져서 풍요로운 식사의 이미지를 떠올리기 쉽지 않다.** '숨은 빈곤'이라는 말이 있는데, 수입이 많다고 해서 식생활까지 풍족하다고 할 수 없는 현실을 얘기한다. 실제로 식비보다는 주택 구입비나 아이 교육비를 더 중요하게 여기고, 수입이 높은 만큼 생활도 바빠서 요리할 시간이 없는 부모가 허다하다.

식사를 어느 정도로 소중하게 여기는지는 집집마다 다를 것이다. 하지만 **어려서부터 집에서 먹어온 식사야말로 아이들이 마음속에 떠올릴 수 있는 식사 내용의 전부다. 그것은 좋든 나쁘든 일생의 식습관에 영향을 미친다. 식탁에 둘러앉아서 즐겁고 맛있게 식사하면 그 자체가 훈훈한 기억이 되어 언제까지나 마음에 남는다.** 가족끼리 혹은 친구들과 함께 맛있게 식사하는 경험을 많이 하게 해주자. 그러면 아이의 인생이 윤택해질 것이다.

규칙 24

웃으면서 먹으면 '소화흡수율'이 좋아진다

즐겁게 식사하면 영양이 효율적으로 흡수된다

같은 음식을 혼자서 묵묵히 먹을 때와 온 가족이 모여 정답게 먹을 때의 영양 흡수율은 다르다고 한다. '똑같은 음식을 먹으니 흡수되는 영양도 같겠지'라고 생각하기 쉬운데, 엄격히 말하면 섭취한 영양의 소화흡수율이 달라진다. **이런저런 수다를 떨며 웃으면서 즐겁게 먹으면 행복한 기분이 느껴지지 않겠는가. 그러면 뇌 속에서 행복 호르몬인 세로토닌이 분비되어 소화효소의 작용이 활발해지므로 영양의 소화흡수가 좋아진다.**

일본의 국민건강·영양조사 보고서(2005년)에는 아침밥을 '혼자서' 먹는 초등학생의 비율이 40%나 된다고 나와 있다. 이뿐만 아니라 저녁밥도 가족과 함께 먹는 비율이 해마다 줄어들고 있다. 맞벌이 가정이 늘어난 데다 아이가 학원 수강이나 예체능 과외를 받는 일로 바빠지면서 아무래도 가족이 함께 모여 식사할 기회가 줄어들었기 때문이다.

맛있게 먹으면 스트레스가 해소된다

식사라는 행위는 '비어 있는 배 속을 채운다', '영양을 섭취한다'만을 뜻하지 않는다. 누군가와 같이 음식을 기분 좋게 먹고 "아주 맛있었어!" 하고 만족감을 느끼면 초조감이 가시고 마음이 안정된다. **'식사는 즐겁다'는 기억을 쌓은 아이는 음식 먹기를 좋아하게 되어 생명력의 바탕이라고 할 수 있는 식욕이 왕성해진다.**

'10대에 우울증에 걸렸던 사람은 가족과 함께 식사를 한 경험이 적다'는 조사 결과도 있다. 이렇듯 식사를 즐기지 못하면 마음에 병이 생겨버린다. 아이들도 생활 속에서 알게 모르게 스트레스를 받는다. 만약 식욕이 있어서 **식사로 행복을 느끼면 하루에 세 번이나 스트레스를 풀어버릴 수 있다. 참으로 식사는 스트레스를 이겨내게 하는 특효약이다.**

자녀가 정신력이 강한 사람으로 커주길 바란다면 하루 세끼를 맛있고 즐겁게 먹게 하자. 적어도 주말에는 온 가족이 함께 식사하거나 자녀의 친구를 초대해 집에서 파티를 여는 등 부모와 자녀가 함께 즐겁게 식사하는 시간을 만들어보자.

●● 식사가 즐겁다고 느낄 때(복수 응답)

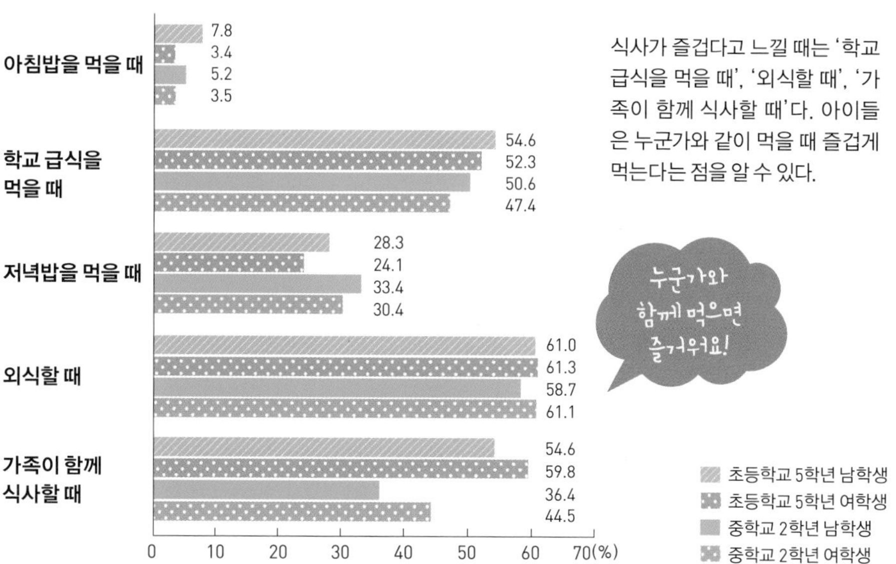

출처 : 2010년도 초등·중학생의 식사 상황 등의 조사 보고서, 일본스포츠진흥센터

규칙 25

아이와 함께 조리하면 '요리 솜씨'가 늘어난다

지금의 20대, 30대는 식사 준비를 거들지 않았다!

'어린 시절에 부엌일을 거들면 어른이 되어서 손수 밥을 지어 먹을 확률이 높다'는 결과를 어느 분석기관이 발표한 바 있다. 지금의 20대와 30대 부모를 상대로 조사해보니 시중에서 파는 식품을 아이에게 먹인다는 대답이 많았다. 집에서 요리하는 일이 적다는 말이다. **바쁘게 살다 보니 식사 준비에 많은 시간을 쏟지 못하겠지만, 그 때문에 아이의 영양 상태가 나빠지는 것은 바람직한 일이 아니다.**

'아이들의 영양 상태가 나쁘다', '여름방학이 끝나면 살이 빠져서 등교하는 어린이가 많다'는 조사 결과가 나오는 걸 보면 영양 결핍 때문에 발육이 나빠지는 학생이 늘었다고 판단된다. 일본 정부가 발간한 〈2017년도 청소년 백서〉에도 최근의 초·중·고등학

●● 아이들이 좋아하는 식사 준비 거들기 5가지

- **1위** 채소 껍질 벗기기
- **2위** 수저 놓기
- **3위** 요리 옮기기
- **4위** 설거지
- **5위** 식재료 썰기

중학생이 되면 동아리 활동이나 학원 수강으로 바빠지므로 유아기나 초등학생일 때 부엌일 돕기를 많이 하게 하자. 유아가 잘하는 일은 '채소 껍질 벗기기', '수저 놓기'이며, 초등학생에게 인기가 좋은 일은 '오이와 같은 식재료 썰기'다.

출처 : 주부의벗사 인터넷 앙케트(응답 수: 4~13세의 아이를 키우는 엄마 244명)

생이 과거보다 키가 잘 크지 않고 몸무게도 줄어드는 경향을 보인다고 지적되어 있다.

주말에 아이와 같이 요리하는 것부터 시작해보자

"식사 준비를 거들어본 적이 없는 아이가 갑자기 요리를 좋아할까?"라고 묻는다면 대답은 "어렵다"이다. 엄마들은 '그렇지 않아도 요리하기 힘든데, 아이와 함께 요리하면 시간만 더 걸릴 뿐 전혀 도움이 되지 않을 거야'라고 생각하기 일쑤다.

후쿠이현 오바마시에는 '어린이 부엌(kids kitchen)'이라는 요리 교실이 있다. 여기서는 엄마의 도움 없이 아이들이 제 힘으로 생선을 손질하고 된장국을 만들어본다. **조리법만 가르쳐주면 아이는 어른 이상으로 열심히 그리고 즐겁게 음식을 만들며, 체험을 통해 자기가 성장하는 것을 깨닫는다.**

여러 가지 일로 바쁜 엄마들이 자녀에게 요리하는 방법을 친절하게 가르치는 것은 어려우리라고 생각된다. 그렇더라도 **'아이와 같이 요리하는' 기회를 늘려가자.** 식사 준비를 거들어준 경험은 장차 자녀가 자립할 때 반드시 도움이 될 것이며, 조금씩 경험이 쌓이면 언젠가 요리를 잘하는 믿음직스러운 어른으로 성장할 것이다.

먼저 밥 짓기와 된장국 만들기(89쪽, 91쪽 참조)부터 함께 해보자. 아빠도 주말에는 시간을 내서 아이와 같이 요리해보자!

●● 만들 수 있는 요리(복수 응답)

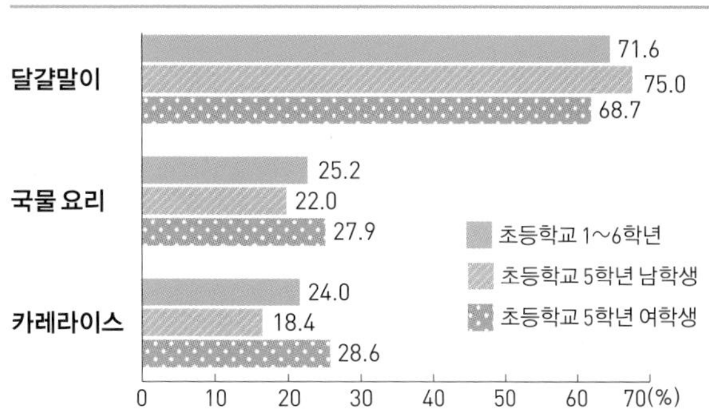

출처 : 2010년도 초등·중학생의 식사 상황 등의 조사 보고서, 일본스포츠진흥센터

혼자서 요리할 수 있는 초등학교 5학년은 남학생이 64.8%, 여학생이 80.4%다.

우리 아이 건강 점검표

우리 아이의 식생활은 몇 점일까?

아이의 식생활이 곧 가족의 식생활이다

이쯤에서 내 아이의 영양 상태부터 식사법, 생활습관까지 종합적으로 점검해보자. 들어맞는 항목이 많을수록 아이의 식생활이 잘 이뤄지고 있다는 뜻이다.

식사는 365일 매일 하는 일이다. 설사 지금의 식생활 점수가 낮더라도 이제부터 바로잡으면 된다. 목표를 세워서 조금씩 개선해나가자.

아이의 식사는 그 자체가 가족의 식사이기도 하다. 아이의 성장을 지켜보는 부모의 식생활도 개선할 점은 없는지 꼭 되돌아보자.

Check! 우리 아이, 영양의 균형은 괜찮은가?

우리 아이는 매일 영양을 골고루 섭취하고 있을까? 해당하는 항목에 V 표시를 해보자.

- [x] 하루 세끼를 빠짐없이 먹는다.
- [ ] 하루 세끼를 정해진 시간에 먹고, 저녁식사는 8시 전에 마친다.
- [ ] 식사 때마다 주식(밥, 빵, 국수 등)을 빠뜨리지 않고 먹는다.
- [ ] 식사 때마다 5대 단백질 식품(고기류, 생선류, 달걀, 유제품, 콩 식품)을 고르게 먹는다(또는 2~3일 간격으로 골고루 먹는다).
- [ ] 생선을 일주일에 3일, 될 수 있으면 4일 이상 반찬으로 먹는다.
- [ ] 녹황색 채소를 매일 먹는다.
- [ ] 버섯, 감자·고구마, 해조류, 과일을 먹으려고 신경을 쓴다.
- [ ] 하루에 한두 끼는 전통식을 먹는다.
- [ ] 집에서 만든, 염분을 줄인 순한 음식을 먹는다.
- [ ] 간식은 영양을 보충할 수 있는 식품으로 하루에 한두 번 먹는다.
- [ ] 주스와 같은 단것이나 과자는 정해진 양을 먹는다.
- [ ] 키와 몸무게를 정기적으로 측정한다.

해당 개수

점

- **12점** 만점! 훌륭해요!
- **10~11점** 잘하고 있어요.
- **7~9점** 대체로 좋아요.
- **6점 이하** 조금만 더 노력해요.

Check! 우리 아이, 식사법과 생활습관은 어떤가?

우리 아이는 질병에 안 걸리는 건강한 생활을 하고 있을까? 해당하는 항목에 V 표시를 해보자.

- [x] 하루에 한 번은 온 가족이 모여 식사한다.
- [ ] 음식 먹기를 좋아한다. 식사를 즐긴다.
- [ ] 상차림·설거지·조리 등 부엌일을 매일 돕는다.
- [ ] 엄마가 장보러 가면 함께 간다. 심부름도 한다.
- [ ] 식사를 할 땐 천천히 꼭꼭 씹어서 먹는다.
- [ ] 간식은 정해진 시간에만 적당량 먹는다.
- [ ] 밤 10시 안에 잠자리에 든다.
- [ ] 하루에 10시간 이상(유아) 또는 8시간 이상(초·중·고등학생) 잠을 잔다.
- [ ] 초조·피로·두통·불면과 같은 몸의 불편함이 없다(적다).
- [ ] 하루에 1시간 이상 몸을 움직여서 운동한다.
- [ ] 대변을 편안하게 본다. 하루에 한 번은 꼭 배변한다.
- [ ] TV 시청이나 게임하는 시간은 하루에 2시간 이내다.

해당 개수

점

- **12점** 만점! 훌륭해요!
- **10~11점** 잘하고 있어요.
- **7~9점** 대체로 좋아요.
- **6점 이하** 조금만 더 노력해요.

Try! 식생활 개선의 목표를 세우자!

건강 점검에서 식생활의 문제점을 발견했는가? 그렇다면 무엇을 개선해야 영양을 균형 있게 섭취하고 건강한 식생활을 할 수 있는지를 아이와 함께 생각해보자.

예문

1 아침밥을 대충 먹고 있으니 앞으로 빵과 요구르트는 물론이고 채소와 달걀도 함께 먹는다.

2 생선을 적게 먹고 있으니 앞으로 생선 요리의 종류를 늘린다.

3 학원에 가는 날은 저녁밥을 8시 이후에 먹어야 하므로 학원에 가기 전에 가볍게 먹음으로써 잠자리에 들기 전에 음식을 많이 먹는 버릇을 고친다.

여러분의 목표는 무엇인가?

1

2

3

너무 뚱뚱한가, 아니면 말랐는가?

성장곡선을 체크해 '상향' 혹은 '하향'으로 나타나면 각별한 주의가 필요하다!

아이의 식욕이 너무 왕성해 자꾸 살이 찌거나, 입이 짧아서 좀처럼 먹지 않아 키가 작으면 부모는 걱정하기 마련이다. 이런 경우에 부모는 자기 아이와 다른 아이의 키나 몸무게를 비교하지만, **아이들의 발육은 개인차가 큰 것이 특징이다.** 같은 나이라도 두세 살은 더 또는 덜 들어 보이기도 한다. 내 아이가 순조롭게 성장하고 있는지 어떤지는 성장곡선에 키와 몸무게를 써넣어가며 확인하자.

성장곡선에는 일곱 줄의 기준 곡선이 있는데, 아래로 기울거나 위로 기울더라도 그 기준 곡선 내에서 움직인다면 괜찮다! 문제는 지나친 **상향=살찜** 혹은 **하향=여윔** 곡선이 나타나는 것이다. 그럴 때는 빨리 소아과 의사와 상담하자.

이런 경우는 비만이다!

기준 곡선 안에서 몸무게의 성장곡선이 상향하면 비만이 시작되었다고 의심할 수 있다. 이럴 때는 키 곡선이 정상인 데 반해 몸무게 곡선은 기준선을 벗어나서 위로 향해져 있다. 비만이 잘 생기는 나이는 12~13세다.

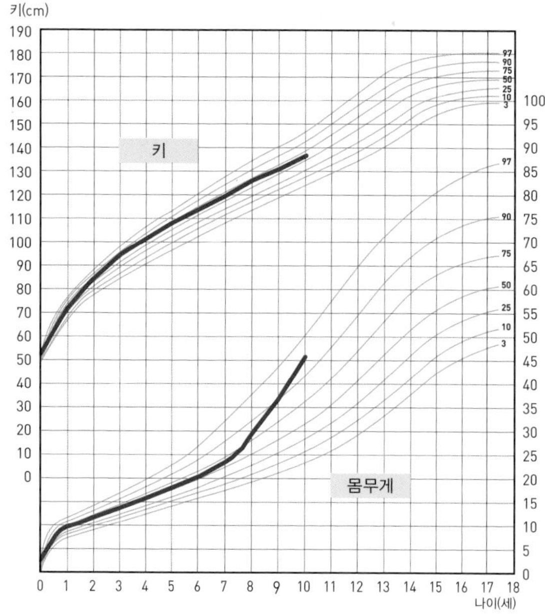

아이에게 생긴 '비만증'과 '대사증후군'은 어떻게 발견할 수 있을까?

'비만'은 몸에 지방이 축적된 상태다. '비만증'은 살이 쪄서 건강에 장애가 생기거나 장애가 예측되는 증세다. '대사증후군'이란 비만 때문에 신체적 장애가 2가지 이상 발생한 상태를 말한다.

1단계_ **본다** 목이 검은지 살펴본다. 목의 살갗 색이 검게 변하는 것이 비만증과 대사증후군의 특징이다(흑색 표피증).

2단계_ **듣는다** 아이가 잠잘 때 코를 골거나 무호흡 증세가 있는지 들어본다. 체육 수업에 빠지거나 왕따, 놀림을 당하지 않는지도 물어본다.

3단계_ **잰다** 배꼽 높이에서 측정한 몸통 둘레 수치가 키 수치의 절반을 넘는지 확인한다.

3단계에 해당하면서 1단계나 2단계의 현상이 있다면 의사와 상담하고 혈액검사를 해보자.

출처 : 하라 미쓰히코(原 光彦). 소아과 임상(小児科臨床) 70(6), 277~283쪽, 2017

이런 경우는 사춘기 여윔증이다!

아이의 몸무게가 늘지 않거나 줄어들면 신경을 써야 한다. 건강을 해칠 정도로 살을 빼면 '사춘기 여윔증'에 걸릴 우려가 있으니 아이의 생활을 되돌아보면서 몸무게의 변화를 주의 깊게 살피자.

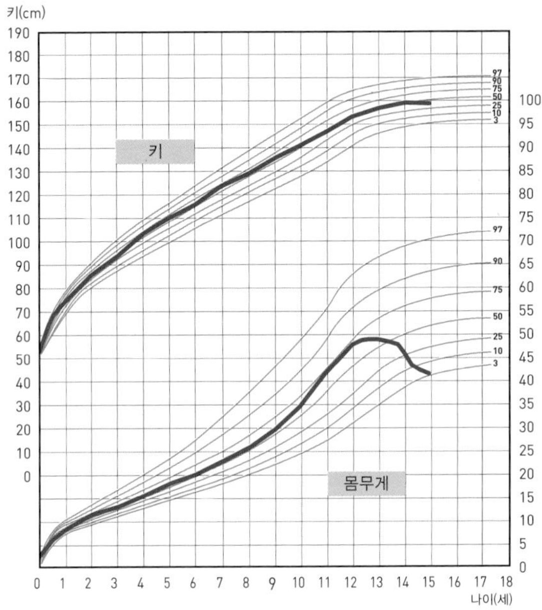

사춘기 여윔증의 진단 기준은 무엇일까?

1단계 식사를 완강히 거부한다.

2단계 발육이 왕성할 사춘기에 신체적 · 정신적 질환이 없는데도 불구하고 몸무게가 늘지 않거나 오히려 줄어든다.

3단계 다음의 현상 중에서 2개 이상이 나타난다.
몸무게에 집착한다 / 식습관이 까다롭다 / 자세가 바르지 못하다 / 비만에 대한 공포가 있다 / 일부러 구토를 한다 / 운동을 과하게 한다 / 설사약을 남용한다.

16세 미만의 학생이 위의 3가지 진단 기준 가운데 어느 하나라도 해당한다면 '사춘기 여윔증'으로 진단된다.

출처 : 영국 의사 B.라스크(B. Lask)와 와타나베 히사코(渡辺久子)의 공동 편저, 《사춘기 여윔증–어린이 진료 관계자를 위한 지침서 2008》

Write! 우리 아이의 키와 몸무게는 어느 정도인가?

우리 아이는 기준 곡선과 같은 방향으로 성장하고 있을까?
키와 몸무게의 측정 결과를 도표에 표시해보자.

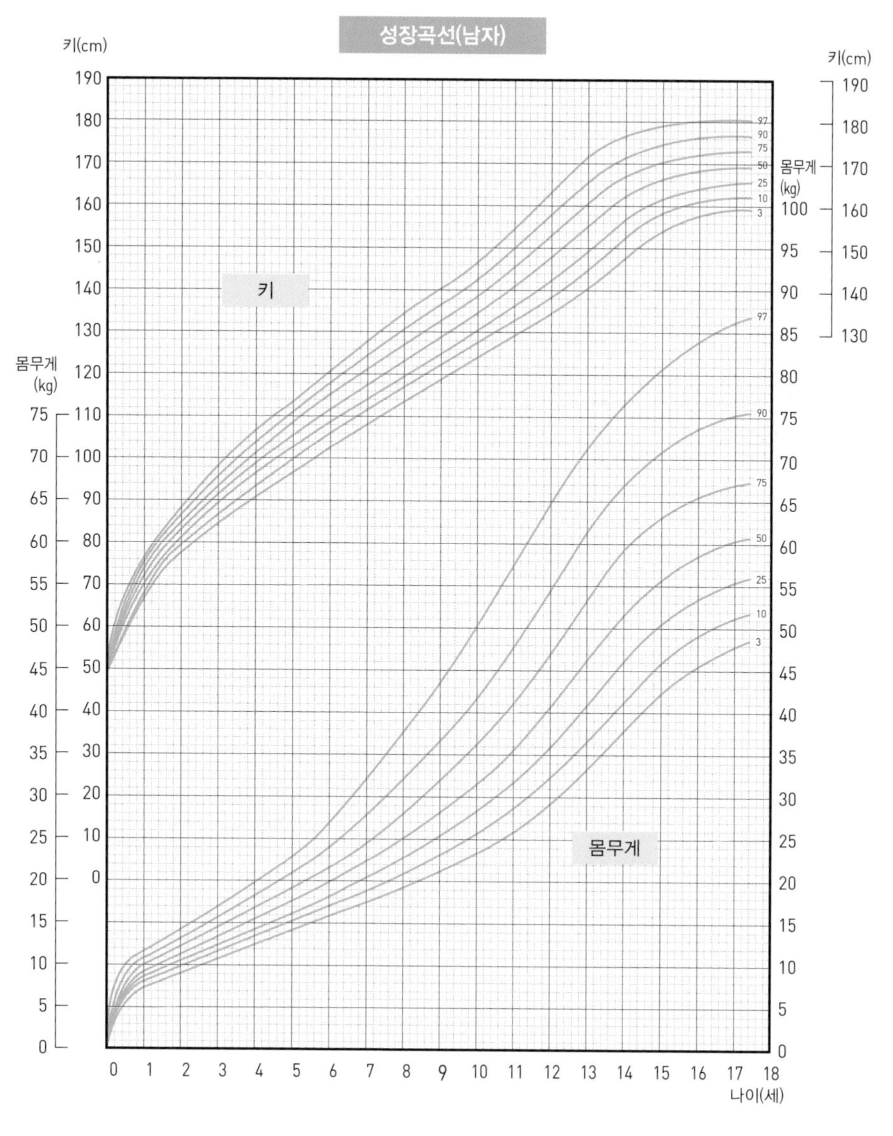

우리 아이는 기준 곡선과 같은 방향으로 성장하고 있을까?
키와 몸무게의 측정 결과를 도표에 표시해보자.

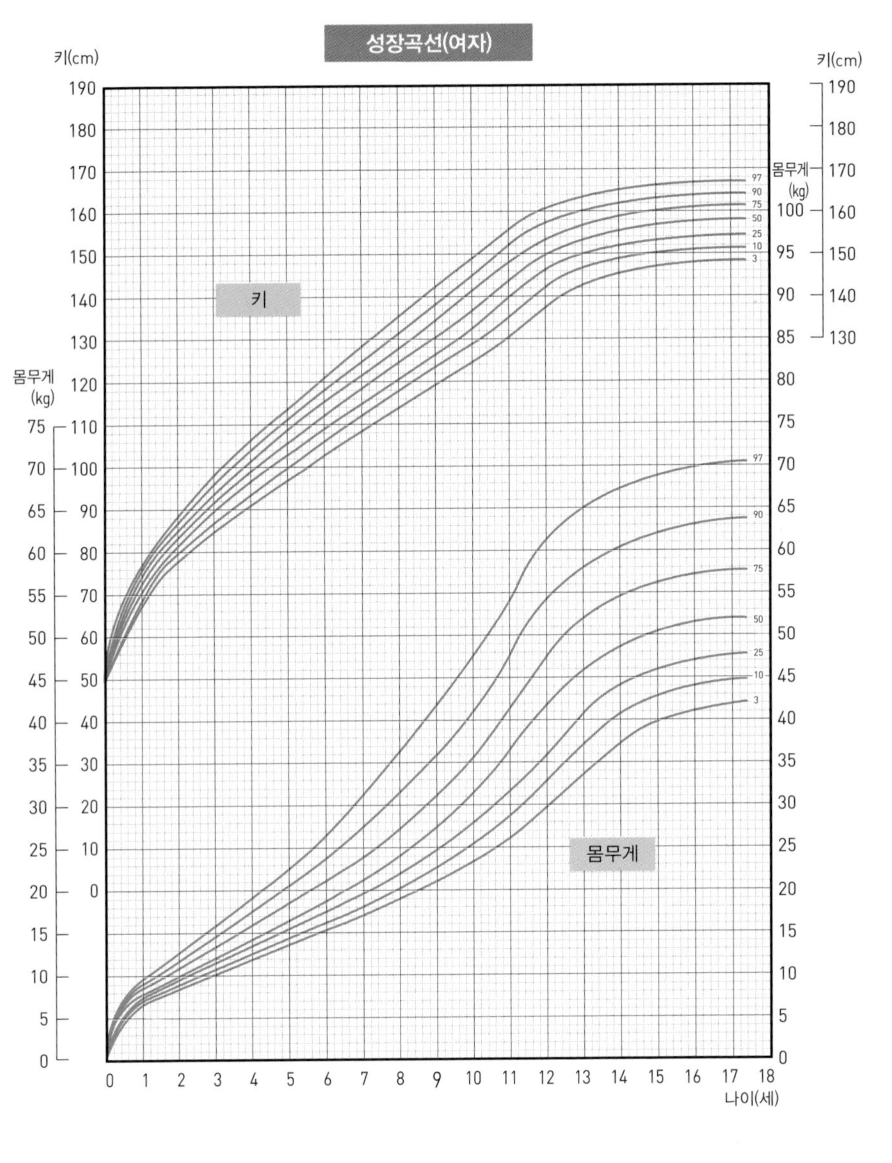

예방의료 컨설턴트 모모와 영양관리사 우노의 솔직한 이야기

영양 상태가 질병의 발현에 영향을 미친다

O157 식중독의 중증도는 배변 습관에 따라서 달랐다!

모모 오사카부의 한 초등학교에서 학교 급식 때문에 'O157 식중독'이 집단적으로 발생했어요. 그때 오사카부의 모자보건종합의료센터에서는 진료를 받은 학생들의 배변 습관과 중증도를 조사해서 **'배변 습관이 규칙적이고 올바른 학생은 증상이 가벼웠다'**라는 결과를 발표했어요.

우노 그랬다죠? 올바른 배변 습관이 몸에 밴 아이들은 O157 대장균이 장에 머무른 시간이 짧았기 때문에 증상이 가벼웠다고 해요. 그 아이들은 서양식보다 전통식을 더 자주 먹었고요.

모모 식이섬유가 풍부한 전통식을 먹으면 장내 환경은 물론 배변 습관이 좋아져 식중독의 피해를 줄일 수 있다는 사실이 증명된 거네요!

몽골에서는 아이오딘(요오드) 부족으로 어린이의 발육이 좋지 않다!

모모 보통 아이오딘의 중요성을 모르는 사람들이 많은 것 같아요.

우노 그런 것 같아요. 그런데 아이오딘은 갑상샘호르몬의 주성분으로서 신진대사나 어린이의 발육에 필요한 영양소지요. 몽골같이 바다가 없는 나라에서는 아이오딘 결핍이 심각해요. 그래서 **어린이들의 키가 자라지 않거나 지능 발달이 늦어진다고 해요.**

모모 그래서 소금에 아이오딘을 섞는 나라도 많아요. 도쿄의 이타바시 내의 초등학교 5학년생을 대상으로 식사 현황을 조사했더니 남학생의 40%와 여학생의 50%가 해조류를 적게 섭취하고 있었어요. **키가 잘 자라게 하기 위해서라도 아이오딘이 부족하지는 않은지 특별히 신경 써야 합니다!**

우노 아이오딘을 너무 많이 섭취하는 것도 문제가 돼요. 해조류는 매일 먹어도 좋지만 다시마는 아이오딘이 너무 많이 들어 있으니 주 1회 정도로 섭취 횟수를 조절해야 해요.

하버드대학교의 조사 결과 '탄수화물 섭취 제한'이 임신율을 55%나 낮춘다고 나타났다!

우노 '당질 제한 다이어트'는 성장기 어린이와 가임기 여성에게 위험하다는 설이 널리 알려져 있어요. **지방과 단백질을 지나치게 많이 섭취하면 핏속에 지방이 많아져서 콩팥에 부담이 커질 것**이 뻔하죠.

모모 당질 제한을 '주식 제한'으로 착각하면 식이섬유와 비타민·미네랄의 섭취까지 제한하게 돼요. 하버드대학교의 조사에서는 '임신 전에 당 지수를 낮추고자 탄수화물을 제대로 먹지 않은 여성은 탄수화물을 제대로 섭취한 여성에 비해서 배란장애로 인한 불임증에 걸릴 위험성이 55%나 높다'는 사실도 밝혀졌어요*.

우노 임신과 출산 능력은 영양 상태의 영향을 크게 받는다는 사실을 명심해줬으면 좋겠어요!

요점

부모가 음식에 무관심하면 아이의 건강이 나빠진다!

아이의 뇌 발달과 신체 건강은 식사가 90% 좌우한다.

* 《임신하기 쉬운 식생활-하버드대학교의 조사 결과를 토대로 한 자연적 임신 방법》, 조지 차바로(Jorge Chavarro), 월터 C. 윌렛(Walter C. Willett), 패트릭 J. 스케렛(Patrick J. Skerrett) 공저

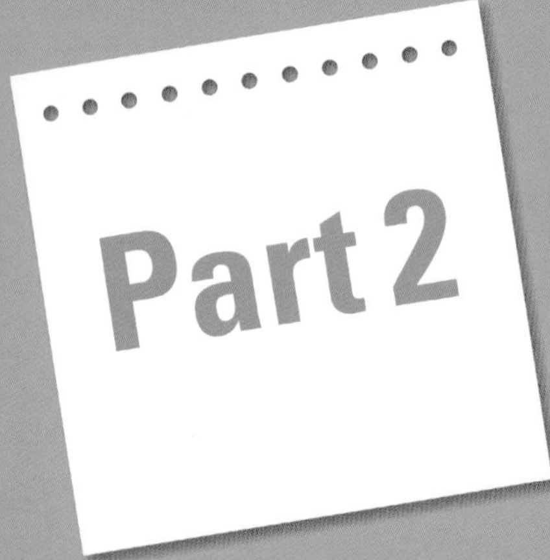
Part 2

1일 섭취 기준량, 꼬박꼬박 채워 먹이자

무엇을 얼마나 먹여야 좋을까?
나이와 성별에 따라서 하루에 먹이면 좋을 양을
세끼 식사와 간식으로 구분해 알기 쉽게 정리했다.

- 여자영양대학의 4군 점수법(四群点数法)을 참고했다.
- 어디까지나 기준량이므로 자녀의 체격이나 식욕에 맞춰서 조정하자.
- 젖당분해효소결핍증 등으로 우유를 마시면 배탈이 나는 어린이는 젖당이 분해된 요구르트로 바꿔주자.
- 음식물알레르기가 있는 어린이는 각 식품군 중에서 잘 먹을 수 있는 것을 골라 영양의 균형을 맞추자.

예방의료 컨설턴트 모모와 영양관리사 우노의 솔직한 이야기

음식에 들어가는 재료가 많을수록 섭취하는 영양소도 늘어난다

'1일 섭취 기준량'은 개인차가 있어서 정하기가 어렵지만, 일단 하나의 기준이라고 여기자!

우노 많은 엄마들이 "식사량은 어느 정도가 좋아요?", "적당한 양을 알고 싶어요"라고 묻네요.

모모 먹는 양은 나이와 성별 외에 아이의 체격, 운동량에 따라서도 달라지죠. 그래서 '적당한 식사량'을 수치로 표현하기가 어려웠죠.

우노 그런데 이번에는 가까스로 해냈잖아요! 4가지 식품군(여자영양대학 4군 점수법) 가운데서 '1일분의 식재료'를 골라서 '세끼+간식'으로 식단표를 나이별로 나열했지요(142~161쪽 참조).

모모 하루분의 식재료와 식단을 보고 '이런 식으로 잘 차릴 수 있을까?' 하고 걱정하는 엄마도 있을 것 같아요.

우노 그럴 거예요. 앞에서 '엄마는 4가지 식품군의 코치다'(62쪽 참조)라고 말했지만, 이 정도로 상을 차릴 수 있다면 정말로 명코치죠. 호호호.

모모 이 식단들은 하나의 본보기로 짠 거예요. 왜 이같이 여러 가지 식품을 먹이는 게 좋은가 하면, 식재료의 종류가 많을수록 영양소가 늘어나기 때문이에요. 먹이는 식재료의 종류가 적으면 반드시 섭취하지 못한 영양소가 생깁니다. 그렇게 1년 정도 먹으면 영양의 균형이 상당히 무너지고 말죠.

어떻게든 식재료의 종류를 늘리자!
냉동 채소는 물론이고, 차가운 두부라도 좋다

우노 생선류·고기류·콩 식품·달걀·유제품 등의 5대 단백질 식품은 물론이고, 하루에 녹황색 채소는 5종류 이상, 담색(엷은 색깔) 채소는 8종류 이상을 먹이는 게 좋아요.

모모 조사해보면 가정에서는 양상추, 토마토, 오이로 만든 샐러드를 많이 먹지요.

우노 맞아요! 채소라면 샐러드, 1년 내내 같은 것을 먹는 집이 많아요.

모모 푸른 잎채소로 만든 나물, 깨소금 무침, 무말랭이 무침, 단호박 조림, 미역초무침 등의 밑반찬은 거의 안 먹는 것 같아요. 만들어서 오래 두고 먹을 수 있고, 영양가도 높은데 말이죠.

우노 먹는 식재료의 종류가 적은 아이들은 비타민·미네랄, 식이섬유가 부족한 편이에요.

모모 생활이 바쁜 엄마들에게 채소는 상하기 쉽고 손질하기가 귀찮다는 단점이 있다는 건 알아요. 그러면 냉동 채소는 어떨까요? 토란·단호박·브로콜리 등 시판하는 냉동 채소의 종류가 늘었어요. 이런 것들은 된장국에 넣기만 하면 되죠.

우노 맞아요. 그렇게 해서라도 영양가 높은 식재료의 수를 늘려야 해요. 잘게 찢

●● 신체활동 수준

I (낮음)	일상생활 대부분을 앉아서 지내는 등 몸을 움직일 기회가 매우 적다.
II (보통)	앉아서 지내는 시간이 많지만 걸어서 학교에 다니고, 집 안을 돌아다니는 등 가벼운 운동을 한다.
III (높음)	움직이거나 서서 활동할 때가 많다. 습관적으로 운동을 한다.

●● 1일 섭취 기준량 (추정량, kcal)

성별	남			여		
신체활동 수준	I	II	III	I	II	III
4~6세	–	1,300	–	–	1,250	–
7~8세	1,350	1,550	1,750	1,250	1,450	1,650
9~10세	1,600	1,850	2,100	1,500	1,700	1,900
11~12세	1,950	2,250	2,500	1,850	2,100	2,350
13~15세	2,300	2,600	2,900	2,150	2,400	2,700
16~18세	2,500	2,850	3,150	2,050	2,300	2,550
19~30세	2,300	2,650	3,050	1,650	1,950	2,200
31~50세	2,300	2,650	3,050	1,750	2,000	2,300
51~70세	2,100	2,450	2,800	1,650	1,900	2,200

은 양상추에 김을, 두부 위에 가다랑어포 또는 마른 뱅어를 올리는 일쯤은 아이들도 도울 수 있어요. 시판 중인 미역귀나 큰실말(해조류의 일종)도 하나의 식품이죠.

모모 엄마 혼자 식사를 준비하는 게 힘들다면 온 가족이 함께 준비하는 게 좋아요. 제 어머니는 요리 솜씨가 좋았지만 토요일 저녁은 좋아하는 음식을 사 오는 날, 일요일 아침은 아이가 팬케이크를 만드는 시간으로 정했었어요. 저는 어린 마음에 '아, 엄마가 쉬는 시간이구나!'라고 생각했죠. 호호호. 제 조카아이는 초등학교 1학년이지만 아침식사에서 된장국과 달걀말이를 담당해요.

우노 어릴 때의 요리 경험은 어른이 되면 요리 습관으로 이어진다는 연구 결과가 있지요. 엄마들도 휴식 시간이 필요해요. 조금 쉬면서 아빠와 아이들에게 조리를 거들게 하면 어떻게든 음식을 만들 수 있어요.

모모 요즘은 동영상 레시피도 많으니 온 가족이 힘을 합쳐 음식을 준비하면 일상에 활기가 생기는 장점도 있지요.

식재료 선택 요령

- 빨강 · 노랑 · 초록 · 보라 · 하양 · 검정 · 갈색 중에서 **5가지 색의 식품**을 배합한다.
- **생선류는 매일** 먹는 것을 목표로 한다.
- 고기류는 **지방이 적은 부위**를, 다진 고기 역시 지방이 적은 부위를 선택한다.
- 콩 식품으로는 **생청국장(낫토), 두부, 언두부**가 몸에 좋다.
- **배아미(씨눈이 남아 있는 쌀)**나 **혼합 잡곡**으로 밥을 지으면 영양가가 높아진다.

4~6세

세끼 식사
+
간식

1일 식사 기준량 (♂♀ 남아·여아의 기준량은 똑같다.)

* 젖당분해효소결핍증이 있어 우유를 마시면 설사하는 어린이는 우유의 젖당이 분해된 요구르트를 마시는 것이 좋다.

먹을 수 있는 양과 씹는 힘에 맞춰서 새로운 맛을 경험하게 하자

아이가 수저를 써서 혼자 밥을 먹을 수 있을 정도가 됐지만 아주 적게 먹거나 너무 많이 먹거나, 편식을 하고, 잘 씹지 않는 등 부모를 고민하게 만드는 시기이다. 이때 억지로 올바른 식습관을 들이려고 하면 역효과를 낳으니 아이가 먹을 수 있는 양(적당량) 안에서 다양한 식감과 맛을 체험하게 하자. 예를 들어, 씹는 힘이 붙었다면 고기류는 다진 것 외에도 얇게 혹은 두툼하게 썬 것도 먹여보자. 가시가 있어서 먹지 않던 생선도 먹게 하자.

유아기에는 소화효소가 어른 수준에 가깝게 분비되지만, 콩팥과 같은 장기의 기능이 아직 미숙하니 순한 맛의 음식을 만들어 먹이는 일에 신경 써야 한다. 그리고 신체가 눈에 띄게 성장하고 운동량이 증가하는데도 위가 작아 많이 먹지 못하니 간식으로 영양을 보충해주자.

어떻게 하면 이 식재료들을 하루에 다 먹일 수 있을까?
(144~145쪽 참조)

3군

담색 채소(버섯류 포함) 200g

고구마 50g

녹황색 채소 150g

과일 150g

해조류(마른 것) 1~2g

4~6세에 필요한 1일분의 식재료를 모두 먹을 수 있는 식단의 예

2.4cm 두께로 자른 식빵 1장과 샐러드 등을 접시 하나에 보기 좋게 담는다.

'주먹밥+잔멸치'와 '고기류+두부'로 영양을 보강하고, 채소는 수프로 듬뿍 섭취하게 한다.

치즈 토스트

식빵 1장 · 슬라이스 치즈 1장

스크램블드에그

시금치 30g · 달걀 1/2개 · 식용유 5g

샐러드

양상추 25g · 오이 20g · 방울토마토 30g

바나나 요구르트

바나나 1/2개 · 요구르트 50g

잔멸치 주먹밥

밥 1공기(유아용 밥그릇) · 잔멸치 5g

닭고기 두부 스테이크

다진 닭고기 30g · 두부 25g

단호박 볶음

단호박 30g · 식용유 5g

채소 수프

양파 30g · 양배추 25g · 팽이버섯 25g · 당근 30g

오렌지

오렌지 1/4개

● 1군 ✸ 3군
■ 2군 ✹ 4군

시금치는 데쳐서 잘게 썰어둔다

여유가 있을 때 시금치를 전부 데친 뒤에 먹기 좋게 썰어서 한 끼분씩 랩에 싸놓자. 냉장으로 2~3일, 냉동으로 1주일 정도 보존할 수 있다. 여러모로 바쁜 아침에도 편리하게 쓸 수 있다.

냉장 보관 2~3일

냉동 보관 1주일

아침에 주식으로 빵을 먹는다면 점심과 저녁에는 밥을 주식으로 주자.
그러면 1일 영양이 균형을 이룰 수 있다. 유제품과 과일도 잊지 않고 식후 디저트나 간식으로 먹이자.

고구마는 '보조 음식'으로 좋다. 조금 많을 정도로 만들어두고 엄마도 함께 먹는다.

고구마 사과 무침

고구마 50g 사과 1/8개 호두 5g

우유

우유 100㎖

생청국장(낫토), 해조류, 참깨 등 전통식 식재료로 만든 국 1가지, 반찬 3가지, 생선으로 밥상을 차린다.

밥

밥 1공기(유아용 밥그릇)

연어 구이

연어 30g

깨소금 양념장으로 간을 맞춘 익힌 채소

가지 40g 브로콜리 30g 볶아서 빻은 참깨 5g

생청국장(낫토)

생청국장(낫토) 25g 송송 썬 파 5g

된장국

무 30g 마른 미역 1g

레몬의 은은한 신맛이
입맛을 돋우는
고구마 사과 무침

재료(4회분)

고구마 …… 200g(작은 것 1개)
사과 …… 1/2개
A ┌ 비정제 설탕 …… 4작은술
 │ 껍질을 벗긴 레몬 슬라이스 …… 2조각
 └ 물 …… 1/4컵
호두(있다면) …… 적당량

냉장 보관 3~4일

조리법

1. 고구마는 1cm 두께로 썰어서 물에 담가 전분기를 뺀 뒤 물기를 뺀다. 사과는 씻어서 은행잎 꼴로 자른다.
2. 냄비에 **1**과 **A**를 넣고 가열한다. 끓기 시작하면 불을 줄이고 뚜껑을 덮어서 푹 익을 때까지 삶는다.
3. 잘게 부순 호두를 뿌려서 준다.

7~8세

세끼 식사
+
간식

1일 식사 기준량 (♂♀ 남아 · 여아의 기준량은 똑같다.)

* 젖당분해효소결핍증이 있어 우유를 마시면 설사하는 어린이는 우유의 젖당이 분해된 요구르트를 마시는 것이 좋다.

맛이 순하고 영양의 균형이 잡힌 음식을 먹이자

염분 · 당분 · 지방분의 섭취량이 늘어나고 채소를 싫어하며 아침을 거르는 등 영양의 균형을 잃어버리기 쉬운 시기다. 부모 입장에서 '이제부터 어른이 먹는 음식은 뭐든지 먹을 수 있겠구나!' 하는 생각이 들어 영양 챙기기에 소홀해질 수도 있다. 초등학생이 되면 먹는 양이 부쩍 늘어나므로 무엇을 먹느냐가 몸의 성장과 장래의 건강에 영향을 미친다. 학교 급식만으로는 영양이 부족할 수 있으니 아침과 저녁 식사에서 영양소를 골고루 보충해주자.

또한 영구치가 나는 시기이므로 천천히 그리고 잘 씹어서 먹는 습관을 들이자. 뼈째 먹는 작은 생선, 미역 같은 해조류, 무말랭이 등 씹는 맛이 있는 식재료를 활용하는 것이 좋다.

3군

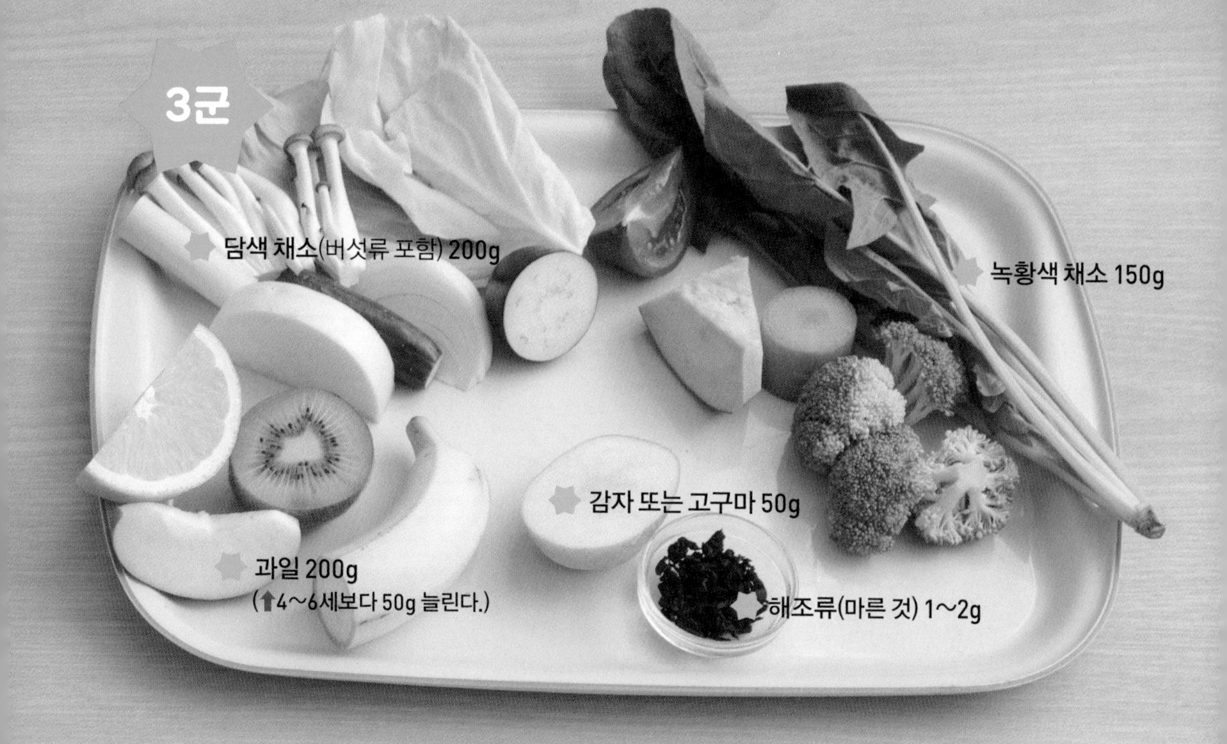

담색 채소(버섯류 포함) 200g
녹황색 채소 150g
감자 또는 고구마 50g
과일 200g
(⬆4~6세보다 50g 늘린다.)
해조류(마른 것) 1~2g

4군

참깨, 호두 5~10g
밥 2공기
(어린이용 밥그릇,
1공기에 약 150g)
(⬆4~6세보다 80g 늘린다.)
비정제 설탕 10g
식용유 10g
파스타 90g
(혹은 2cm 두께의 식빵 1.5장)
(⬆4~6세보다 30g 늘린다.)

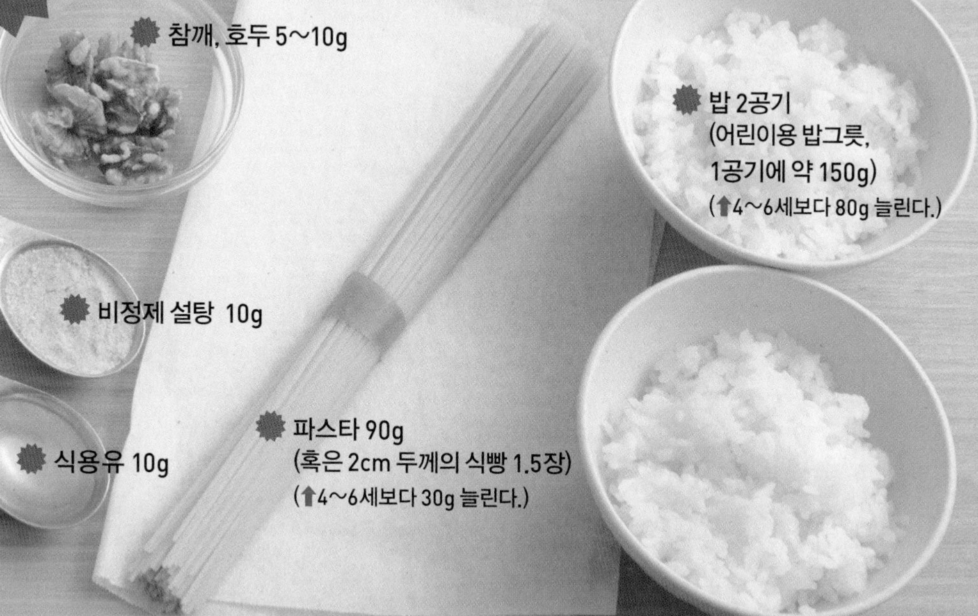

9~10세

세끼 식사 + 간식

1일 식사 기준량 (♂남학생의 기준량을 기본으로 삼았다.)

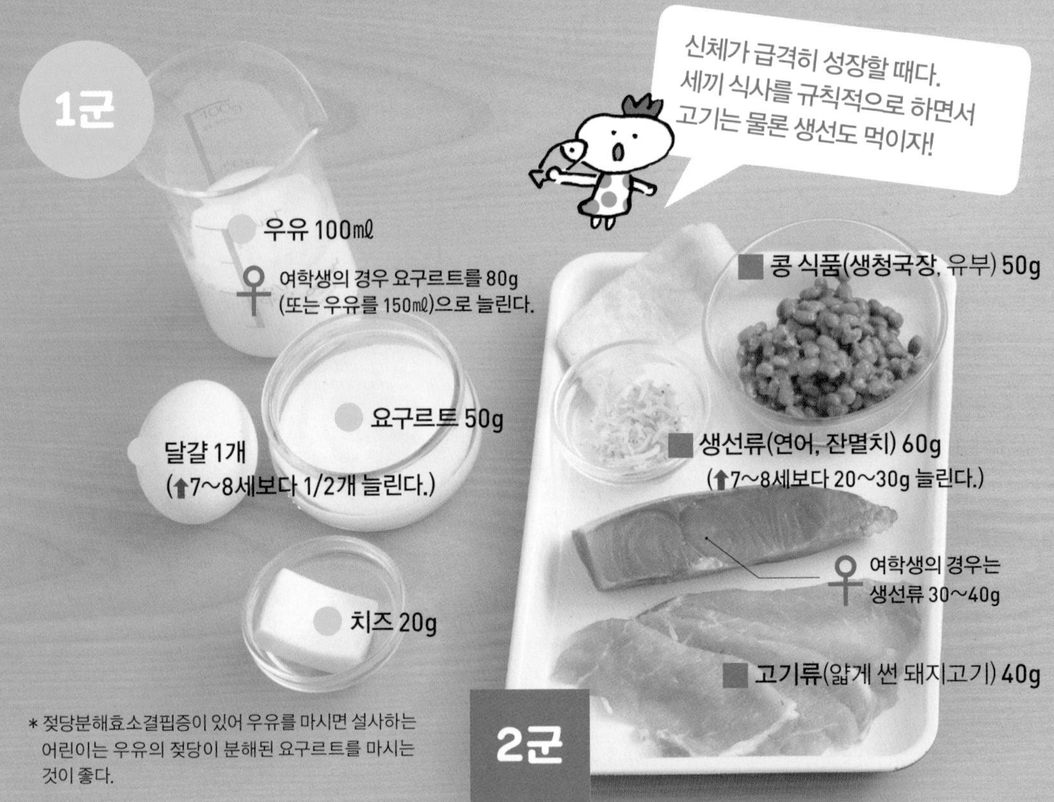

* 젖당분해효소결핍증이 있어 우유를 마시면 설사하는 어린이는 우유의 젖당이 분해된 요구르트를 마시는 것이 좋다.

밤늦게까지 깨어 있는 일이 늘어난다. 일찍 자고 일찍 일어나서 아침밥을 먹는 습관을 들이자

몸무게가 어른의 절반에 가까워질 정도로 급격히 성장하는 때다. 초등학교 3~4학년 무렵부터 잠자는 시간이 점점 늦어지는 아이들이 많은데, 늦게 자는 데다 충분히 못 자면서 음식까지 부실하게 먹으면 성장에 문제가 생긴다. 치킨처럼 기름에 튀긴 고기를 먹음으로써 지방을 너무 많이 섭취하거나 채소를 멀리하는 등의 편식을 하면 몸에 불편한 증상이 나타나므로 조심시키자. 뼈째 먹는 멸치나 고등어와 같이 등 푸른 생선을 식탁에 올리자.

부모나 교사에 대해 비판적인 태도를 보이는 시기이기도 하므로 아이를 대하는 방식에도 신경을 써야 한다. TV를 보며 식사를 하기보다는 이런저런 대화를 나누면서 즐겁게 먹는 것이 더 좋다. 단, 식사 매너를 가르친답시고 식탁을 설교 장소로 만드는 일은 하지 않았으면 한다.

어떻게 하면 이 식재료들을
하루에 다 먹을 수 있을까?
(150~151쪽 참조)

3군

담색 채소(버섯류 포함) 200g

녹황색 채소 150g

감자 또는 고구마 50g

과일 250g
(⬆7~8세보다 50g 늘린다.)

해조류(마른 것) 1~2g

4군

참깨, 호두 10~15g
(⬆7~8세보다 5g 늘린다.)

밥 2공기
(중간 크기의 밥그릇,
1공기에 약 180g)
(⬆7~8세보다 60g 늘린다.)

♀ 여학생의 경우는
어린이용 밥그릇에 2공기
(1공기에 약 150g)

비정제 설탕 10g

파스타 90g
(혹은 2cm 두께의 식빵 1.5장)

식용유 · 버터 10g

9~10세에 필요한 1일분의 식재료를 모두 먹을 수 있는 식단의 예

밥·된장국·생청국장(낫토) 중심의
전통식으로
아침에 원기를 돋우자.

밥

밥 1공기(중간 크기의 밥그릇)

생청국장(낫토)

생청국장(낫토) 40g

폰즈*로 간을 맞춘 무즙·잔멸치

무 40g 마른 잔멸치 5g

된장국

파 10g 시금치 20g

바나나 요구르트

바나나 1개 요구르트 50g

* 폰즈는 감귤류의 과즙으로 만든 조미료

연어를 넣은 파스타에 치즈를,
채소 수프에 우유를 넣어서
칼슘을 보강하자.

연어 파스타

스파게티 90g 연어 플레이크 55g 브로콜리 40g
프로세스치즈 20g 버터 5g

채소·우유 수프

양파 25g 양상추 25g 송이버섯 25g,
감자 50g 당근 20g 우유 100㎖

얼간 연어로 '연어 플레이크'를 만들어두면 편리하다!

얼간 연어(살짝 염지한 연어)는 2~3토막을 구운 뒤에 껍질과 뼈를 제거하고 얇게 썰어서 용기에 넣어 보관한다(생연어일 때는 소금을 친 후에 굽자). 밥에 얹거나 볶음밥, 파스타의 재료로도 쓸 수 있다.

아침, 저녁을 전통식으로 차리면 생청국장(낫토), 된장, 채소 절임 등의 발효식품을 먹일 수 있다.
점심은 파스타와 수프이므로 식품 수가 적은 만큼 채소와 유제품을 보태서 영양과 부피감을 더해주자.

미리 만들어놓은 과일 꿀절임의 1/4분량에 단호박이나 새알심을 넣자!

단호박 새알심을 넣은 화채

단호박 30g

과일 꿀절임(사과 1/8개, 오렌지 1/4개, 키위 1/2개)

호두 10g

돼지고기로 체력을 보강하자! 톳 조림은 조금 많을 정도로 만들어서 다음날에도 먹이자.

밥

밥 1공기(중간 크기의 밥그릇)

돼지고기 생강양념장 구이

돼지고기 40g 양배추 25g 토마토 30g 식용유 5g

톳 조림

톳 3g 당근 10g 유부 10g

채소 절임

오이 25g 가지 25g

달걀탕

달걀 1개

집에 있는 과일을 섞어서 만들어보자!

과일 꿀절임

재료(4회분)

사과 …… 1/2개
오렌지 …… 1개
키위 …… 2개
꿀 …… 4작은술
레몬즙 …… 조금

조리법

1 사과는 껍질을 벗기지 않은 채 먹기 좋은 크기로 썬다. 오렌지와 키위는 껍질을 벗기고 먹기 좋은 크기로 썬다.

2 밀폐 용기에 넣고 꿀과 레몬즙을 더해 버무린다.

냉장 보관 3일

11~12세

세끼 식사
+
간식

1일 식사 기준량 (♂남학생의 기준량을 기본으로 삼았다.)

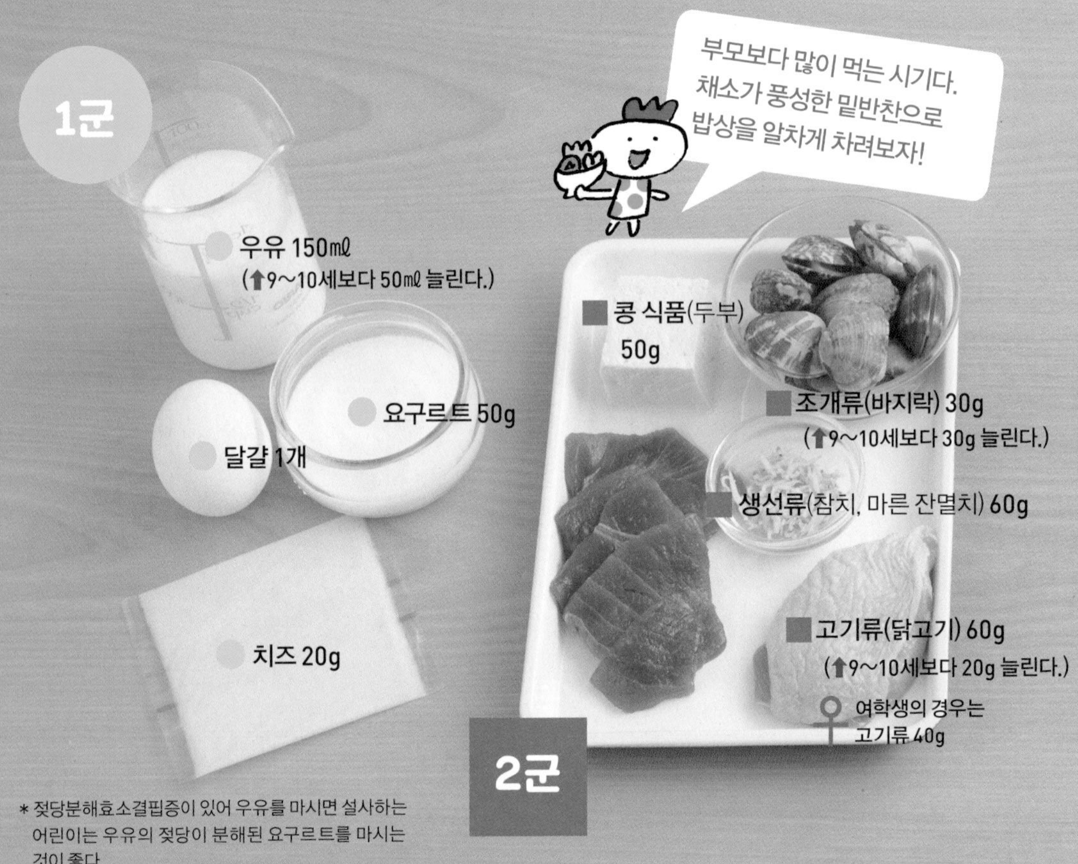

* 젖당분해효소결핍증이 있어 우유를 마시면 설사하는 어린이는 우유의 젖당이 분해된 요구르트를 마시는 것이 좋다.

채소와 칼슘을 많이 먹이자. 특히 여학생에게는 철분을 넉넉히 주자

아동기에서 사춘기로 넘어가는 시기다. 11~13세쯤 되면 엄마보다 더 많은 에너지를 소비한다(신체활동 수준 Ⅱ의 경우). 식사량이 늘어나면 주식을 많이 먹게 되므로 주반찬인 고기류 요리가 늘어나서 채소 섭취가 부족해지기 쉽다. 두부, 생청국장(낫토) 등 콩 식품으로 식물성 단백질을 챙겨 먹이고, 국물이나 밑반찬으로 채소를 충분히 주자.

또한 이 시기에는 칼슘과 철분이 부족해서는 안 된다. 칼슘을 섭취하려면 뼈째 먹는 작은 생선이 좋다. 월경이 시작되는 여학생에게는 철분이 많이 필요해지므로 고기류와 생선의 붉은 살코기, 조개, 언두부 등은 일부러라도 먹이자.

3군

녹황색 채소 200g
(⬆9~10세보다 50g 늘린다.)

담색 채소(버섯류 포함) 200g

감자 또는 고구마 50g

♂ 남학생의 경우는 간식에 80g 늘린다.

과일 250g

해조류(마른 것) 3g
(⬆9~10세보다 1~2g 늘린다.)

4군

참깨, 호두 10~15g

2cm 두께의 식빵 2장
(파스타 100g)
(⬆9~10세보다 10g 늘린다. 파스타 기준)

♀ 여학생의 경우는 2cm 두께의 식빵 1.5장

밥 2공기
(큰 밥그릇 기준, 1공기에 약 200g)
(⬆9~10세보다 40g 늘린다.)

♀ 여학생의 경우는 중간 밥그릇으로 2공기 (1공기에 약 180g)

비정제 설탕 10g

식용유 15g
(⬆9~10세보다 5g 늘린다.)

13~15세

세끼 식사
+
간식

1일 식사 기준량 (♂남학생의 기준량을 기본으로 삼았다.)

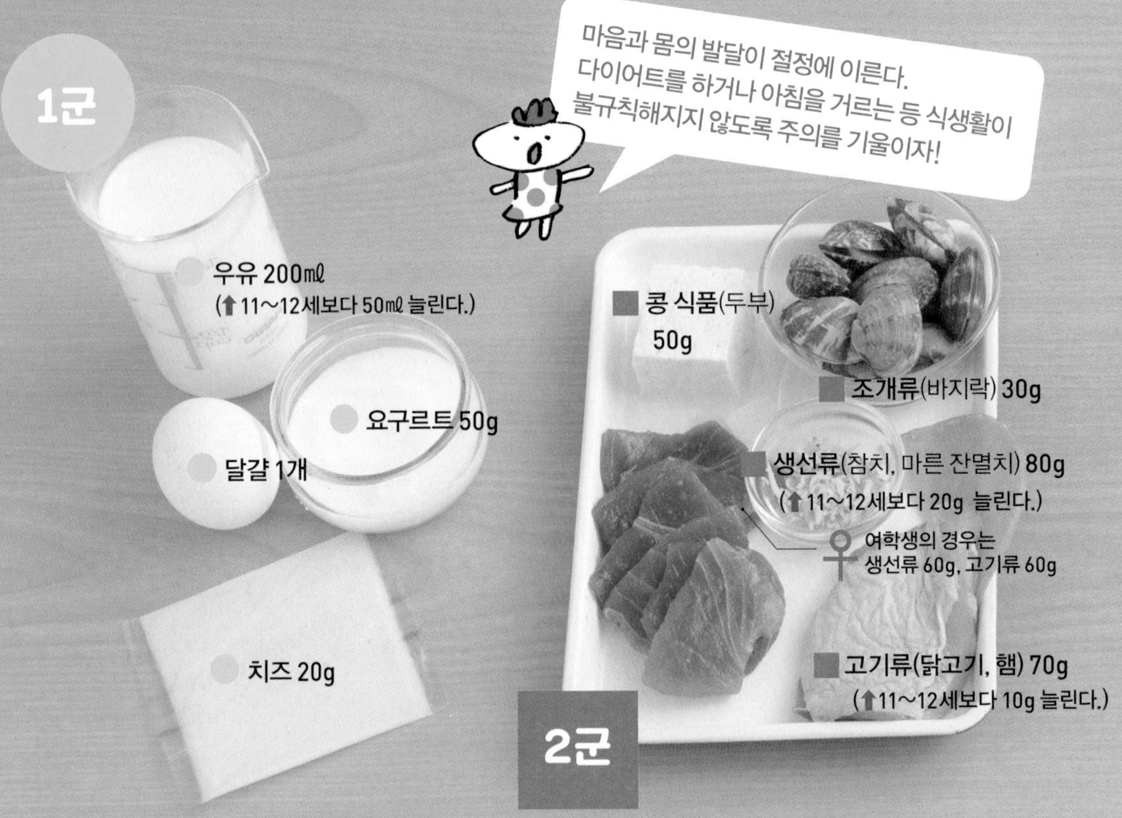

* 젖당분해효소결핍증이 있어 우유를 마시면 설사하는 어린이는 우유의 젖당이 분해된 요구르트를 마시는 것이 좋다.

아이의 다이어트 시도에 주의하며, 성장에 필요한 영양을 섭취하도록 보살피자

키와 몸무게, 성기능 발달 등 성장이 빨라지는 시기다. 2차 성징이 나타나면서 마음도 크게 성장하고 가족보다는 친구를 더 중요하게 여긴다. 부모가 영양을 잘 섭취하라고 강요하거나 설교를 늘어놓으면 식사를 제대로 하지 않는 등 반항적으로 나오기 쉽다. 이 때문에 아침을 거르거나 밤참을 너무 많이 먹고 과자와 탄산음료를 가까이하는 등 식생활에 혼란이 온다. 사춘기에 잘 성장하려면 어른보다 많은 영양이 필요하므로 집밥이나 도시락을 준비할 때 영양을 골고루 섭취할 수 있도록 배려하자. 특히 여학생은 다이어트 때문에 식사량을 줄이거나 아침을 거르지 않도록 주의 깊게 보살피자.

3군

어떻게 하면 이 식재료들을 하루에 다 먹일 수 있을까? (156~157쪽 참조)

녹황색 채소 230g
(↑11~12세보다 30g 늘린다.)

담색 채소(버섯류 포함) 200g

감자 또는 고구마 50g

과일 250g

해조류(마른 것) 3g

♂ 남학생의 경우는 간식에 80g을 더한다.
♀ 여학생의 경우는 간식에 50g을 더한다.

4군

참깨, 호두 10~15g

밥 2공기
(큰 밥그릇에 수북하게, 1공기에 약 250g)
(↑11~12세보다 100g 늘린다.)

♀ 여학생의 경우는 큰 밥그릇으로 2공기 (1공기에 약 200g)

2cm 두께의 식빵 2장
(↑파스타 100g)

♀ 여학생의 경우는 2cm 두께의 식빵1.5장

비정제 설탕 10g

식용유 · 올리브유 15g

13~15세에 필요한 1일분의 식재료를 모두 먹을 수 있는 식단의 예

GI 지수가 낮은 전립분 샌드위치에
길게 썬 채소를 곁들이고
달걀을 더해 단백질을 보충한다.

샌드위치

● 2cm 두께로 자른 식빵 2장 ■ 햄 10g
● 슬라이스 치즈 20g ● 양상추 10g

달걀프라이

● 달걀 1개

막대 모양으로 자른 채소와 소스

● 오이 25g ● 당근 25g
● 참깨 적당량 ● 올리브유 5g

마시는 요구르트

● 우유 200㎖ ● 요구르트 50g ● 레몬즙 약간

조갯국으로 철분을 보강하자.
채소는 삶으면
더 많은 양을 먹을 수 있다.

밥

● 밥 1공기(큰 밥그릇에 수북하게)
● 참깨 적당량 ● 파래 가루 적당량

치킨 소테*

■ 닭다리 고기 60g ● 새송이버섯 40g
● 파 25g ● 식용유 5g

라타투유**

● 양파 30g ● 가지 30g ● 토마토 70g ● 단호박 50g
● 피망 45g ● 올리브유 5g

바지락국

■ 바지락 30g ● 양배추 20g

* 소테(sauté)는 버터를 발라서 튀기는 프랑스식 고기 요리
** 라타투유(ratatouille)는 프랑스 프로방스풍의 채소 찜 요리

닭다리 고기에 기름을 발라서 보관해놓으면 필요할 때 굽기만 하면 된다!

닭다리 고기는 미리 소금과 후추를 뿌리고 올리브유를 발라서 밀봉해두면 오래 보관할 수 있고, 바쁠 때 굽기만 하면 되니까 편리하다.

식사마다 달걀, 조개, 참치, 두부, 푸른 잎채소를 보태서 철분을 보충해주는 식단이다.
뼈의 양이 가장 많아지는 때이므로 유제품과 잔멸치로 칼슘 섭취를 강화해주자.

감자는 잔멸치와 섞어서 구수하게 굽고, 과일은 스무디를 만들자.

감자 동그랑땡

감자 80g ■ 잔멸치 5g

과일 스무디

바나나 1개 사과 1/8개 오렌지 1/4개
키위 1/2개 호두 5g

참치덮밥은 만들기가 간단하면서 DHA가 풍부하다. 밑반찬으로는 해조류나 푸른 잎채소를 준비하자.

참치 덮밥

밥 1공기(큰 밥그릇에 수북하게) ■ 참치 75g
참마 50g 김 가루 약간

미역국

마른 미역 3g 무 20g 참깨 적당량

푸른 잎채소와 두부 무침

시금치 40g ■ 두부 50g ■ 가다랑어포 약간

미리 만들어놓기

녹황색 채소를 많이 먹일 수 있다!

라타투유

재료(3회분)

토마토 …… 1개(210g)
단호박 …… 150g
파프리카 …… 3개(135g)
양파 …… 1/2개(90g)
가지 …… 1개(90g)
마늘 …… 1쪽
올리브유 …… 1큰술
소금, 후추 …… 약간씩
월계수잎 …… 1개

조리법

1 토마토와 마늘 이외의 채소는 모두 먹기 좋은 크기로 썬다.
2 토마토는 통째로 큼직큼직하게 썰고 마늘은 으깬다.
3 냄비에 올리브유와 마늘을 넣고 볶는다. 마늘 냄새가 나면 1을 넣어서 볶는다. 채소에 기름이 고루 코팅되면 토마토, 소금, 후추, 월계수잎을 더해 단호박이 부드러워질 때까지 익힌다.

냉장 보관 3~4일

도시락에 담을
적당량을 알아보자

Advice! 도시락 먹는 날의 영양

점심 도시락도 소중한 한 끼다. 영양의 균형을 이루면서 나이에 맞는 분량의 도시락을 만들어보자.

주식 : 주반찬 : 밑반찬을 3 : 1 : 2의 비율로 담는다

도시락 용기에 주식:주반찬:밑반찬을 3:1:2의 비율로 담으면 영양의 균형이 잡힌다. 비율은 나이와 관계없이 일정하다. 2단 도시락이나 용기의 모양, 크기가 바뀌더라도 비율은 똑같다.

주반찬 1

생선류, 고기류, 달걀 등의 단백질 반찬은 꼭 넣자. 반찬은 용기의 1/6 정도 분량으로 담는다.

주식 3

뇌와 몸을 움직이는 에너지원이 되는 밥은 도시락 용기의 절반에 가득 담는다.

밑반찬 2

채소 반찬은 2~3종류를 준비해 보기 좋게 담자. 양은 주반찬의 2배 정도가 좋다.

이런 도시락을 만들어보자!

점심 도시락

- 밥
- 오크라 가다랑어포 무침
- 옥수수
- 튀김
- 방울토마토
- 포도

학원 도시락

- 잡곡밥
- 무말랭이 무침
- 방울토마토
- 닭고기 완자
- 단호박 조림
- 된장국

점심 도시락

- 밥
- 단호박 샐러드
- 방울토마토
- 햄버거
- 브로콜리
- 된장국

한 끼분의 열량 = 도시락 용기의 용량

도시락 용기는 한 끼분의 에너지 양(열량, 칼로리)과 용량이 같은 것이 적당하다. 유치원에서 시작해 초등학교 저학년, 중학생 등 아이의 성장에 맞춰서 용기의 크기도 늘려주자.

4~6세	용량 400mℓ (400kcal)
초등학교 1 · 2학년생	용량 500mℓ (500kcal)
초등학교 3 · 4학년생	용량 600mℓ (600kcal)
초등학교 5 · 6학년생	용량 700mℓ (700kcal)
중학생	용량 800mℓ (800kcal)

※ 위의 내용은 어디까지나 하나의 기준이다. 식사량은 개인차가 있으므로 아이의 체격이나 식욕에 맞춰서 조절하자.

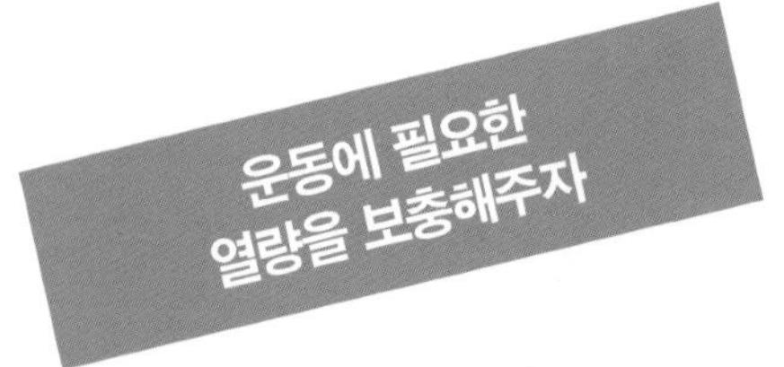

Advice! 운동하는 어린이의 영양

축구, 야구 등의 운동을 하는 아이에게는 세끼 식사에 주먹밥, 샌드위치 등의 간편 음식을 더 먹여야 한다.

운동에 필요한 '당질+비타민'을 섭취할 수 있게 한다

운동으로 에너지를 소모한 후(또는 하기 전)에는 간단히 당질을 보충할 수 있는 주먹밥이나 빵 등을 먹일 필요가 있다. 그리고 영양의 균형을 이뤄서 에너지 대사가 촉진되도록 단백질이 풍부한 연어 플레이크, 달걀, 두유 등과 비타민이 많이 들어 있는 과일도 먹이자.

이런 것이 간편 음식이다!

- 달걀 샌드위치
- 사과

2cm 두께로 자른 식빵에 삶은 달걀 1/3개를 으깨서 끼우고 사과 1/2개를 보탠다.

● 연어 주먹밥
● 키위

밥 100g과 연어 플레이크 30g을 섞어 만든 주먹밥에 키위 1개를 더한다.

● 시리얼
● 프룬(마른 서양자두)
● 두유

시리얼 45g에 프룬 3개를 얹고 두유 100㎖를 곁들인다.

운동선수가 되려면 반드시
하루 세끼를 다 먹어야 해요!
운동량이 많다면
영양을 보충하는 식사까지
하게 해주세요!

UNO

운동으로 근육을 단련하려면 식사 때마다 일정량의 단백질을 섭취하는 것이 좋다는 연구 결과가 있다.

Part 3

아이의 잘못된 식습관을 바로잡는 Q&A

가려 먹고, 너무 적게 먹고, 너무 많이 먹는 등의
식습관 문제들은 어떻게 해결해야 할까?
음식을 가리지 않고 잘 먹는 아이로 자라기를 바라지만,
부모의 생각대로 되지 않는다.
이러한 부모들의 고민을 풀어줄 질의응답만 모았다.

고민 1

좋아하는 것만 먹는다

Q **4세 아들과 6세 딸을 키우고 있다. 그런데 둘 다 처음 보는 음식은 먹으려고 하지 않아 걱정이다. 어찌하면 좋을까?**

A **맛있는 식재료가 부족한 것이 원인일 수 있다.**

처음 보는 음식도 감칠맛이 있으면 받아들이기가 수월하니 맛있는 식재료를 활용하자. 고기류와 생선류는 맛이 좋다. 채소 중에서는 감칠맛 성분인 글루탐산이 많이 들어 있는 토마토나 마른 표고버섯, 양송이버섯 등을 넣고 푹 끓이는 국물 요리도 만들어보자. 아이에게 '고기류와 토마토, 버섯류는 맛이 좋다'는 사실을 기억하게 하자.

Q **7세 딸인데, 좋아하는 음식만 배불리 먹고 싫어하는 것은 남긴다. 잘 먹지 않는 음식은 억지로라도 먹이는 게 좋을까?**

A **왜 먹기를 꺼리는지 다시 한 번 생각해보자.**

어린이는 미각이 성인보다 몇 배나 민감하지만, 씹는 힘이 아직 덜 발달해 있다. 못 먹는 이유로는 전자레인지로 익힌 탓에 채소의 떫은맛 성분인 옥살산이 충분히 제거되지 않았거나, 식재료의 크기와 단단함이 치아의 개수나 씹는 힘에 맞지 않기 때문일 수도 있다. 입맛은 수시로 변화하니 수고스럽더라도 아이가 먹기 좋게 조리하거나 맛을 내도록 궁리해보자.

Q 7세 아들인데, 탄수화물 식품만 먹고 채소와 고기를 거의 먹지 않아 영양의 불균형이 걱정된다. 어찌하면 좋을까?

A 고기를 안 먹으면 철분 결핍으로 빈혈이 생길 수 있다. 씹기 좋고 부드럽게 만들어 먹여보자.

채소와 고기를 싫어하는 이유는 대부분 잘 씹히지 않아서일 수도 있다. 조리법을 다시 생각해보자. 고기와 생선에는 철분이 풍부하므로 이를 먹지 않으면 몸속 철분이 부족해질 수 있다. 또한 입 안의 점막이 쪼그라들어서 음식을 삼키기가 어려워질 수 있다. 단것을 좋아하거나 쉽게 피곤해한다는 느낌이 들면 철분이 함유된 요구르트나 프룬을 먹이자. 연어 플레이크나 소고기 소보로를 넣어서 주먹밥을 만드는 것도 좋은 조리법이다.

우리 집에서는 이렇게 하고 있다!

- 8세 아들이 있다. 토마토를 집에서 재배해 함께 수확했더니 아이가 먹기 시작했다.
- 8세 딸이 있다. 채소를 먹이고 싶은 마음에 아이가 싫어하는 채소는 잘게 썰어서 햄버거 속에 넣었더니 잘 먹는다.

Q 5세 아들인데, 볶음밥에 넣은 잘게 썬 채소는 먹는데 익히지 않은 채소 반찬은 먹지 않는다. 어떻게 하면 채소를 잘 먹을까?

A 가다랑어포를 사용해 아이의 뇌가 즐거워할 레시피를 늘려가자.

가다랑어포로 우린 맛국물을 먹으면 우리 뇌는 설탕을 먹을 때와 같은 수준의 기쁨을 느낀다. 가다랑어포 맛국물에 채소나 해조류가 합쳐지면 감칠맛이 더욱 강화되어 맛이 훨씬 좋아지기 때문이다. 채소 샐러드나 생선 구이, 건더기가 많은 된장국, 조림에도 도전해보자. 이 외에도 감칠맛이 더욱 진해지는 포토푀(프랑스식 진한 수프), 닭고기 토마토 찜, 바지락 양송이버섯 리소토, 연어 포일구이 등 뇌가 맛있다고 느낄 레시피로 채소 기피 습관을 극복하게 하자.

Q 8세 아들은 음식을 다양하게 먹지 않고 한 가지 반찬으로만 밥을 먹고, 10세 딸은 밥을 먹다가 후리카케(밥에 뿌려 먹는 반찬)나 명란젓, 소금에 절인 다시마 등의 반찬이 떨어지면 밥을 남긴다. 편식하는 버릇을 고치는 좋은 방법이 없을까?

A '자기 그릇에 담긴 음식은 남기지 않는다'는 규칙을 정하자. 후리카케는 집에서 직접 만들자.

골고루 먹는 습관은 저절로 영양의 균형을 잡히게 하니 이를 몸에 배게 만들자. 한 가지 반찬으로 밥을 먹는 버릇은 좋지 않으므로 '자기 그릇에 담긴 음식은 남기지 않는다'라는 원칙을 정하는 것도 좋지 않을까. 또한 반찬이 모자라서 밥을 남길 때는 참깨,

마른 뱅어, 벚꽃새우, 파래 가루 등을 섞은 후리카케를 손수 만들어서 조금 넉넉하게 먹이면 염분 섭취를 줄이면서 영양도 강화할 수 있다.

밥과 반찬을 고루 번갈아가면서 먹으면 입 안에서 여러 가지 맛이 알맞게 섞여 더욱 좋은 맛을 느낄 수 있다.

Q 12세 딸인데, 저녁밥을 먹기 전에 배가 고프다며 과자를 먹는다. 엄마도 단것을 좋아해서 호되게 나무랄 수 없는 처지다. 어떻게 하면 좋을까?

A 식사 전에 과자를 먹이는 것은 좋지 않다. 맛만 보게 하자.

아이가 배고프다고 보채더라도 식사 전에 과자를 먹이지 말자. 식사가 준비될 때까지 못 기다린다면 조리를 거들게 해 완성된 음식을 먼저 맛보게 하자. 저녁밥 준비가 늦어질 것 같으면 주먹밥 같은 간단한 음식을 먹인 뒤에 본식사를 하게 하자.

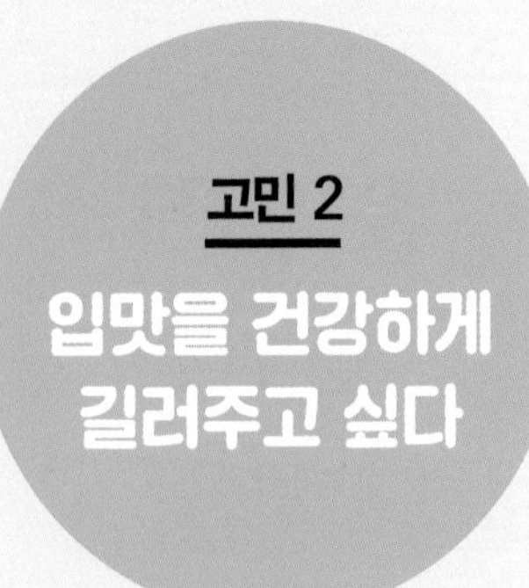

Q 미각은 몇 살부터 길들이는 것이 좋을까?

A 젖을 뗀 뒤부터 시작하자.

많은 어린이가 이유식 단계를 거치자마자 진한 맛에 익숙해지지만, 젖을 뗀 뒤에는(될 수 있으면 어른이 될 때까지) 맛국물의 감칠맛을 살린 담백한 음식을 먹이는 것이 좋다. 위와 장은 물론이고 콩팥이나 간 등의 기능을 고려하면 소화흡수력이 성인과 같은 수준으로 발달하는 때는 초등학교 저학년 무렵이라고 한다.

Q 6세 딸인데, 서양식을 먹지 않는다. 왜 서양식을 싫어할까?

A 담백한 맛으로 영양소를 골고루 섭취할 수 있는 전통식이 가장 좋다.

서양식은 머지않아 학교 급식이나 외식으로 먹을 기회가 많아지니 집에서는 전통식을 먹이는 것이 좋다. 서양식에는 생선, 콩 식품, 해조류, 버섯, 감자·고구마, 된장·생청국장(낫토) 같은 발효식품 등이 부족하지만 전통식은 생선이나 콩 등 뇌에 좋은 식품이 풍부하고, 살이 잘 찌지 않는 특징이 있다.

Q 8세 딸은 음식에 조미료나 후리카케를 뿌려서 먹고, 10세 딸은 달면서 짭짤한 음식을 좋아한다. 자극적인 맛을 좋아하는데 괜찮을까?

A 부종이나 고혈압에 걸릴 위험성이 있다.

염분을 많이 섭취하면 우리 몸이 염분 농도를 일정하게 유지하려고 혈관 속에 수분을 가두어두기 때문에 부종이나 고혈압이 생긴다. 진한 맛을 좋아할수록 혀의 맛세포가 둔감해져서 염분을 점점 더 많이 요구하는 혀로 변해간다. 어린이뿐만 아니라 부모도 주의해야 한다. 건강을 위해 가족 모두가 담백한 음식을 먹는 것이 좋다.

염분과 당분이 많은 식품을 주의하자!

음식에 뿌려 먹는 조미료
(간장, 토마토케첩, 소스, 드레싱 등)

채소 절임

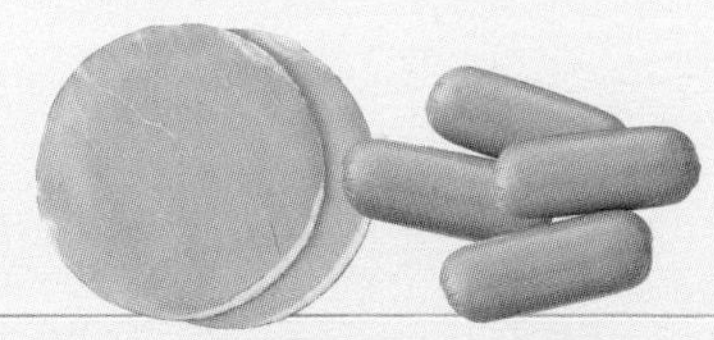

가공식품(햄, 소시지 등)

건어물, 라면

고민 3

적게 먹는 데다 야위어 보인다

Q 7세 아들인데, 식사에 관심이 없고 제대로 먹지도 않는다. 집중력도 부족하고, 싫증을 잘 낸다. 어쩌면 좋을까?

A 장보기부터 요리 만들기까지 함께 해보자.

"엄마가 고생해서 만든 음식이니 먹어라!"라고 하지 말고, "오늘은 뭘 먹고 싶니?"라고 물어보면서 함께 장을 보거나, 채소 손질을 함께 하거나, 음식의 간을 보게 해서 아이를 조리 과정에 참여시키자. 수고스럽겠지만, 이렇게 하면 '내가 함께 만든' 음식에 대한 자부심이 생기고 식욕이 왕성하게 솟아날 것이다.

"뭐가 먹고 싶어?", "어느 것이 신선해 보여?", "산지는 어디니?"라고 대화를 나눠 음식에 관심을 갖게 하자.

Q 7세 아들인데, 적게 먹더라도 잘 자라고 있다면 괜찮지 않을까? 평소에 먹는 양이 아이의 적당량이라고 생각하면 될까?

A 성장곡선의 범위 내에 있더라도 철분 결핍에는 주의해야 한다.

적게 먹고 체격이 작더라도 성장곡선(128~132쪽 참조)의 범위 안에서 자라고 있다면 지금의 식사량이 그 아이의 적당량이다. 다만, 키가 크는 데 영향을 미치는 열량이 부족하거나 단백질, 철분이 결핍되지 않도록 신경쓰자. 만약 이런 것들이 모자라면

인지 능력이 제대로 발달하지 못하거나 심리적 안정감이 떨어지는 증상이 나타날 수 있다. 그럴 땐 과감하게 열량이 많은 레시피를 선택하거나 철분이 풍부한 연어 혹은 소고기, 간식이나 요구르트 등을 먹이면 발육이 촉진된다.

Q 7세 딸인데, 체질일 수도 있겠지만 무척 야위어 보인다. 식사량이 아주 적은데 어떻게 해야 할까?

A 빈혈이 있을 수도 있다.

식사를 적게 하는 건 부드러운 음식을 자주 먹는 탓에 씹는 힘이 길러지지 않아서일 수도 있다. 그리고 소식이나 식욕 부진은 빈혈의 전형적인 증상이기도 하다. 철분은 칼슘과 마찬가지로 어린이에게 부족해지기 쉬워서 빈혈을 곧잘 일으킨다. 식사량이 적으면 빈혈이 생길 위험이 더 커지니 고기류와 생선류의 붉은 살코기, 철분이 함유된 간식을 골라서 먹이자. 운동량을 늘리는 일도 식사량을 늘리는 하나의 방법이다.

우리 집에서는 이렇게 하고 있다!

- 11세 아들이 있다. 덩치가 작지만 밖에서 뛰어논 날은 잘 먹는다. 배고프게 하는 게 중요하다.
- 12세 딸이 있다. 이전에는 식사량이 적었는데 작년부터 어른처럼 먹기 시작했다. 성장기라서 그런 것 같아 잘 먹이고 있다.

고민 4
많이 먹는 데다 살쪄 보인다

Q **12세 딸이 있다. 사춘기가 되면 살이 찌기 쉽다고 하던데, 몸무게에 신경을 얼마나 써야 할까? 사춘기에 몸무게가 늘어나는 것은 어쩔 수 없는 일인가?**

A **겉모습만 보고 살쪘다고 판단하지 말자.**

여학생들은 사춘기에 체지방이 늘어나기 마련이다. 겉모습만 보고 '뚱뚱하다'고 생각하지 말자. 몸무게가 성장곡선의 범위 안에 있는데 다이어트를 하는 건 어이없는 일이다. 몸무게가 늘어난 뒤에 키가 부쩍 자랄 수도 있으니 성장을 지켜보자.

Q **9세 딸인데, 식욕이 왕성해 끝없이 먹는다. 언제 그만 먹게 할지를 모르겠다. 적당히 먹게 하는 수가 없을까?**

A **골고루 먹도록 '더 먹기 규칙'을 정하자.**

식욕이 솟는 것은 좋은 일이다. 성장기에는 급격히 뚱뚱해지는 상태만 아니라면 살찌는 것을 걱정할 필요가 없다. 이럴 때는 '채소는 얼마든지 더 먹어도 좋다', '고기는 자기 접시에 담긴 분량만 먹는다', '밥은 중간 크기의 밥그릇에 2공기까지 먹어도 된다' 식으로 '더 먹기 규칙'을 만들자. 좋아하는 음식만 먹는 것을 방지할 수도 있다.

Q **11세 아들인데, 조금 살이 찐 것 같다. 어떤 음식을 먹이는 게 좋을까? 먹어도 살 찌지 않는 식단이란 어떤 것인가?**

A **튀김이나 서양식을 먹이지 말고, 채소를 많이 넣은 전통식을 먹이자.**

영양을 골고루 섭취한다면 살이 조금 찌더라도 문제없다. 그러나 평소에 튀김과 서양식을 자주 먹고, 즉석식품이나 과자·주스를 먹고 싶은 대로 먹는다면 비만으로 이어지기 쉽다. 그러니 기름진 음식의 섭취를 제한하고 그 대신 채소와 해조류, 버섯 등을 먹이자.

✕ 
기름투성이의 튀김

✕ 
단맛의 주스, 과자

○ 
채소가 풍부한 밑반찬

절대로 포기하지 말자!

우리 집에서는 이렇게 하고 있다!

- 10세 딸이 있다. 아이가 배가 고프다고 할 때는 고구마를 삶아서 얇게 썰어 말린 것, 된장을 발라서 구운 주먹밥을 먹인다.
- 10세 아들이 있다. 채소부터 식탁에 올려 자연스럽게 채소를 먼저 먹게 한다.

고민 5

잘 씹지 않고 꿀꺽 삼킨다

Q **5세 딸인데, 빨리 먹어서 입 안이 금세 가득 차면 씹지도 않고 삼켜버린다. 어찌하면 좋은가?**

A **식사를 빨리 끝내라고 다그치지 말고 천천히 먹게 하자.**

유아기에는 이가 다 났더라도 아랫니와 윗니가 제대로 맞물리지 않거나 씹는 힘이 약하면 음식을 잘 씹지 못해 삼키는 경우가 많다. 또한 어금니가 나기 전인 4세 이전에 깨물어 부수거나 갈아서 으깨야 하는 음식을 자주 먹었다면 씹지 않고 삼키는 버릇이 생겼을 수도 있다. 어린이집에 다니는 아이들의 식생활 실태를 연구한 논문에 따르면, 잘 씹지 않는 아이들은 평소에 엄마로부터 식사를 빨리 마치라고 재촉하는 말을 들어왔다. 이제부터는 아이가 천천히 씹어 먹을 수 있도록 보살피자(출처: 무라카미 티에코, 이시이 타크오 외, 섭식 문제가 있는 어린이집 아동의 배경 인자-잘 씹지 않고 삼키는 아이에 관하여, 소아보건연구, 제49권, 55-62, 1990).

Q **6세 딸이 있다. 이를 튼튼하게 하려면 마른 오징어처럼 씹는 즐거움이 있는 식품을 먹여야 하나?**

A **이가 나는 상태에 맞춰서 다양한 식품으로 시험해보자.**

어린이는 씹는 동작을 통해 좋은 효과를 많이 거둘 수 있다(116쪽 참조). 아이의 이가 나는 상황을 봐가면서 다양한 식감의 음식을 먹게 해 씹는 습관이 몸에 배게 만들자. 예를 들어, 같은 과일류라고 하더라도 사과(껍질째)를 먹을 때는 바나나를 먹을 때보다 10배나 많이 씹는다. 여러 종류의 식품을 먹게 해서 씹는 힘을 길러주자.

10세 아들이 잘 씹지 않고 빨리 먹는 버릇이 있다. 그래서 많이 먹게 되고, 그 결과 살이 쪘다. 계속 주의를 기울이는데도 고쳐지지 않는다. 어떻게 하면 좋을까?

A **가족이 함께 식사하는 기회를 늘리고 씹는 맛을 느끼게 하는 등 여러 가지 방법을 생각해보자.**

비만한 어린이는 음식을 빨리 먹을 가능성이 높다. 대개 혼자서 식사하거나, 식사를 하면서 스마트폰을 만지작거리거나, TV를 보면서 식사하는 등 무언가를 하면서 먹는 버릇은 음식을 빨리 먹게 하는 원인이 된다. 가족과 함께 이야기를 나누면서 먹거나, 씹는 맛이 있는 식재료를 쓰는 등 다양한 방법을 궁리해 음식을 천천히 먹도록 해보자.

●● 씹는 횟수의 기준

바나나	7회	밥	41회
푸딩	8회	해조류 샐러드	62회
단호박 조림	28회	사과(껍질째)	74회
햄버거	36회	버섯 소테	75회

출처 : 《요리별 저작 횟수 지침서》(풍인사)

식품에 따라
씹는 횟수가 크게
달라진다!

고민 6
식사 시간이 너무 길다

Q 6세 딸인데, 질겅질겅 씹는데도 삼키지 못할 때가 있다. 왜 계속 씹기만 하고 삼키지 못할까?

A "맛있지?", "기분 좋지?"라고 말을 걸어주자.

음식이 너무 부드럽거나 단단해도 씹는 힘과 삼키는 힘이 길러지지 않는다. 어린이집에 다니는 아이들의 실태를 연구한 논문에 따르면 음식물을 씹기만 하고 삼키지 못하는 아이는 공감력이 떨어지는 경향이 있다. 평소에 아이와 함께 식사를 하면서 "맛있지?", "기분 좋지?"라고 말을 걸어주고 공감하면서 먹는 모습을 지켜봐주자(출처 : 무라카미 티에코, 이사이 타크오 외, 섭식 문제가 있는 어린이집 아동의 배경 인자-음식물을 잘 삼키지 못하는 아이에 관하여, 소아보건연구, 제50권 5호, 747-756, 1991).

Q 9세 딸인데, 음식을 먹다가 멍하게 있는 일이 잦아 식사를 마치기까지 1시간 정도 걸린다. 그 버릇을 고칠 방법은 없을까?

A 식사에 집중할 수 있는 환경을 만들고 식사는 정해진 시간에 하자.

아이가 배고픈 상태에서 식사를 하는가? 식사 시간에 TV를 켜두거나, 엄마는 딴 일을 하고 아이 혼자 식사하게 하지는 않는가? 배가 고파서 식사에 집중할 수 있다면 늦게 먹는다는 고민은 해결될 것이다. 먹고 싶을 때 언제든 음식을 먹을 수 있는 상황도 좋지 않다. "식사 시간은 언제까지다"라고 원칙을 정해서 실천한다면 식사를 마친 뒤에도

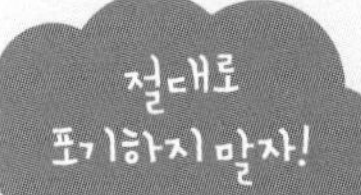

우리 집에서는 이렇게 하고 있다!

- 9세 아들이 있다. 배가 고픈 날이나 놀러갈 약속이 있는 날은 음식을 빨리 먹인다.
- 11세 딸이 있다. 과자가 집에 있으면 먹어버리므로 이제는 미리 사두지 않는다.

음식을 찾는 일은 없을 것이다.

Q 10세 딸인데, 씹는 모양이 이상해서 살펴보니 아직도 유치가 남아 흔들거리고 있었다. 영구치가 다 나는 때는 언제일까?

A 영구치는 고등학생 때 다 난다. 이갈이는 긴 여정이라고 할 수 있다.

초등학교 저학년 무렵에는 아래위의 앞니가 4개씩 빠지고 새로 나서 안심하지만, 얼마 후 그 옆의 이가 흔들리기 시작해 '씹기 거북한' 시기가 온다. 영구치가 어금니까지 다 나는 시기는 18~19세 무렵이므로 이갈이 과정은 머나먼 여정과 같다. 이갈이가 끝날 때까지는 이의 상태에 맞춰서 음식을 만들어주고, 충치가 생기지 않도록 이를 잘 닦게 하는 것이 중요하다.

●● 영구치가 나는 시기의 기준

치아 순서	영구치 이름	위턱	아래턱	치아 순서	영구치 이름	위턱	아래턱
1번	큰 앞니	8~9세	7~8세	5번	둘째 작은 어금니	11~13세	12~13세
2번	작은 앞니	9~10세	8~9세	6번	첫째 큰 어금니(7세 어금니)	7~8세	7~8세
3번	송곳니	12~13세	10~11세	7번	둘째 큰 어금니	13~14세	12~14세
4번	첫째 작은 어금니	11~12세	11~13세	8번	셋째 큰 어금니(사랑니)	18~22세 ※나지 않을 수도 있다.	

※개인차가 있으니 어디까지나 참고 사항이다.

고민 7
음식 알레르기가 생겼다

Q **5세 아들인데, 달걀과 밀에 대한 알레르기가 생겼다. 치료할 수 없을까?**

A **대부분은 성장하면서 사라진다.**

유아기에 많이 생기는 달걀, 우유, 밀 등에 대한 알레르기는 7세 이후부터 80~90%는 사라진다고 알려져 있다. 나이가 들면 못 먹던 것도 먹을 수 있게 되니 정기적으로 전문가와 상담하자.

Q **5세 딸이 있다. 이제까지 잘 먹던 음식인데 느닷없이 알레르기를 일으킬 수 있는가?**

A **잘 먹는 음식은 괜찮은데, 다른 식재료 때문에 일어날 수도 있다.**

이유식으로 달걀, 우유를 잘 먹다가 별안간 알레르기에 걸리는 것은 흔하지 않은 일이다. 하지만 유아기에 처음 먹는 새우, 게, 국수, 생선 알, 견과류, 과일 때문에 알레르기 증상이 나타날 수 있다. 알레르겐(원인 물질)이 무엇인지 예측할 수 없으므로 다양한 식품을 차례로 조금씩 먹어보고, 알레르기 증상을 보이는 것이 있다면 그것을 식단에서 제외하자.

Q 9세 딸인데, 우유 알레르기가 있어 칼슘 결핍이 생길까 걱정이다. 우유를 못 마시면 칼슘이 부족해지는가? 생선을 어느 정도 먹여야 칼슘이 충분해질까?

A 생선뿐만 아니라 콩 식품과 푸른 잎채소에도 칼슘이 풍부하다.

음식에 대한 알레르기가 있어서 특정 식품을 피하더라도 다른 식재료로 영양소를 보충하면 문제없다. 우유 100㎖(칼슘 100mg)와 영양소가 비슷한 것은 잔멸치 3큰술, 벚꽃새우 1큰술(조금 많게), 두부 100g, 생청국장(낫토) 100g, 소송채 40~50g 등이다. 이런 식품들을 먹어서 칼슘이 부족해지지 않게 해주자.

칼슘 100mg을 섭취할 수 있는 식품

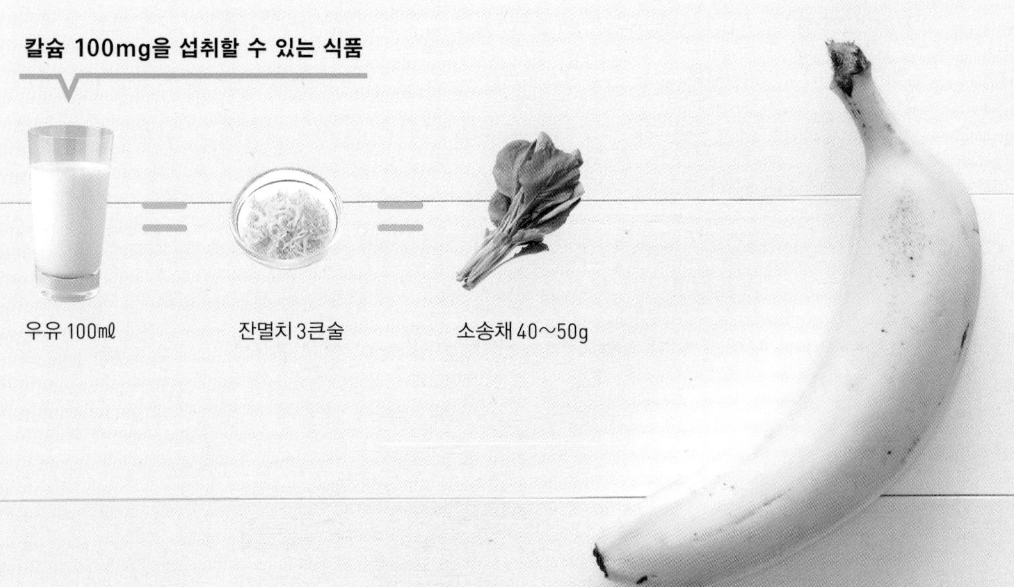

우유 100㎖ = 잔멸치 3큰술 = 소송채 40~50g

바쁜 부모들이 자식을 위해 일일이 집밥을 준비하기란 정말 힘든 일이다. 하지만 길게 보면 자녀의 어린 시절은 겨우 십수 년에 불과하며, 이들이 평생을 건강하게 살 수 있을지 어떨지는 이 시기의 식생활에 달려 있기에 힘들지만 집밥을 챙겨 먹이라는 것이 이 책의 요지다.

내 아이를 똑똑한 사람으로 키우고 싶고 성공적인 인생을 살게 하고자 과외를 받게 하거나 학원에 다니게 하는 부모가 많다. 그 마음이야 이해하지만, 무엇보다 소중한 식사에는 전혀 관심이 없는 부모도 꽤 있는 편이다. 그리고 일하는 엄마가 늘어나면서 패스트푸드를 먹이거나 외식하는 경우도 빈번하다. 그러나 성장기 어린이에게 음식의 영향은 부모가 생각하는 것보다 훨씬 크다.

뇌의 신경회로는 태어나서 7세까지 대략 90%가 완성된다고 한다. 인체를 만드는 재료는 몸속에 존재하지 않는다. 다시 말해, 뇌·근육·혈액·내장·피부·뼈 등의 재료는 모두 음식에 포함된 영양소의 작용으로 이루어진다. 예를 들어, 뇌신경의 발달에 꼭 필요한 철분처럼 부모가 주지 않으면 키와 같은 발육·발달에 문제가 생기는 영양소도 있다.

그러므로 7세까지는 DHA가 풍부한 생선을 많이 먹여야 한다. 효율적으로 근육을 단련하기 위해서는 아미노산가(價)가 높은 달걀, 요구르트, 고기류 등을 먹여야 한다. 또한 쉽게 지치거나 집중력이 부족하면 빈혈이 의심되므로 흡수율이 높은 헴철(고기·생선의 붉은 살코기에 많음)을 섭취하게 해야 한다. 이 모두가 자식을 키우는 부모라면 알아야 할 좋은 정보다. 말하자면, 영양의 균형이 잡힌 음식을 먹이는 것은 우수한 아이로 키우기 위한 최대의 투자인 셈이다.

이 책에서는 성별·나이별로 섭취해야 할 영양소 및 그 식단을 눈으로 확인하고 식생활에 적용할 수 있도록 설명하고 있다. 이 책을 옮기면서 우리 아이들이 먹는 음식의 중요성에 대해 깊이 이해하게 되었다. 독자 여러분도 이 책을 통해 자녀에게 먹일 음식에 관한 생각을 다시 한 번 가다듬기를 바란다.

_ 배영진

주요 참고 문헌

- 《Baby Book Ⅱ》, Luvtelli Tokyo & New York
- 《子どもの食と栄養(어린이의 식사와 영양)》, 堤ちはる·土井正子 編著, 萌文書林
- 《子どもの栄養と食育がわかる事典(어린이의 영양과 섭식 교육 사전)》, 足立己幸 監修, 成美堂出版
- 《新版 子どもの食生活(신판 어린이의 식생활)》, 上田玲子 編著, ななみ書房
- 《アレルギーっ子のごはんとおやつ(알레르기에 걸린 어린이의 밥과 간식)》, 伊藤浩明 監修·楳村春江栄 監修, 主婦の友社

옮긴이 _ 배영진

부산대학교를 졸업했다. 젊은 시절에는 육군본부 통역장교(R.O.T.C)로 복무하면서 번역의 묘미를 체험했다. 삼성그룹에 입사해 중역으로 퇴임할 때까지 23년간 일본 관련 업무를 맡았으며, 그중 10년간의 일본 주재원 생활은 그의 번역가 인생에 큰 영향을 미쳤다. 요즘은 일본어 전문 번역가로서 독자에게 유익한 일본 도서를 기획·번역하고 있다.
주요 번역서로는《은밀한 살인자 초미세먼지 PM2.5》,《당뇨병 치료, 아연으로 혈당을 낮춰라!》,《1일 3분 인생을 바꾸는 배 마사지》,《장뇌력》,《초간단 척추 컨디셔닝》,《5목을 풀어주면 기분 나쁜 통증이 사라진다》,《단백질이 없으면 생명도 없다》, 《고혈압 新상식》,《암의 역습》,《해부생리학에 기초한 스트레칭 마스터》 등이 있다.

냉장고 속 음식이 우리 아이 뇌와 몸을 망친다
개정판 1쇄 인쇄 | 2023년 4월 10일
개정판 1쇄 발행 | 2023년 4월 17일

지은이 | 주부의벗사
감수 | 호소카와 모모, 우노 가오루
옮긴이 | 배영진
펴낸이 | 강효림

편집 | 곽도경
디자인 | 채지연
마케팅 | 김용우

용지 | 한서지업(주)
인쇄 | 한영문화사

펴낸곳 | 도서출판 전나무숲 檜林
출판등록 | 1994년 7월 15일·제10-1008호
주소 | 10544 경기도 고양시 덕양구 으뜸로 130
위프라임트윈타워 810호
전화 | 02-322-7128
팩스 | 02-325-0944
홈페이지 | www.firforest.co.kr
이메일 | forest@firforest.co.kr

ISBN | 979-11-88544-96-7 (13590)

※ 이 책은《아이 두뇌, 먹는 음식이 90%다》의 개정판입니다.
※ 책값은 뒷표지에 있습니다.

전나무숲 건강편지를 매일 아침, e-mail로 만나세요!

전나무숲 건강편지는 매일 아침 유익한 건강 정보를 담아 회원들의 이메일로 배달됩니다. 매일 아침 30초 투자로 하루의 건강 비타민을 톡톡히 챙기세요. 도서출판 전나무숲의 네이버 블로그에는 전나무숲 건강편지 전편이 차곡차곡 정리되어 있어 언제든 필요한 내용을 찾아볼 수 있습니다.

http://blog.naver.com/firforest

'전나무숲 건강편지'를 메일로 받는 방법 forest@firforest.co.kr로 이름과 이메일 주소를 보내주세요. 다음 날부터 매일 아침 건강편지가 배달됩니다.

유익한 건강 정보, 이젠 쉽고 재미있게 읽으세요!

도서출판 전나무숲의 티스토리에서는 스토리텔링 방식으로 건강 정보를 제공합니다. 누구나 쉽고 재미있게 읽을 수 있도록 구성해, 읽다 보면 자연스럽게 소중한 건강 정보를 얻을 수 있습니다.

http://firforest.tistory.com